KB144693

기초역학개론

이기영, 서주노 지음

해설집

BM 성안당
www.cyber.co.kr

■ 도서 A/S 안내

성안당에서 발행하는 모든 도서는 저자와 출판사, 그리고 독자가 함께 만들어 나갑니다.

좋은 책을 펴내기 위해 많은 노력을 기울이고 있습니다. 혹시라도 내용상의 오류나 오탈자 등이 발견되면 "좋은 책은 나라의 보배"로서 우리 모두가 함께 만들어 간다는 마음으로 연락주시기 바랍니다. 수정 보완하여 더 나은 책이 되도록 최선을 다하겠습니다.

성안당은 늘 독자 여러분들의 소중한 의견을 기다리고 있습니다. 좋은 의견을 보내주시는 분께는 성안당 쇼핑몰의 포인트(3,000포인트)를 적립해 드립니다.

잘못 만들어진 책이나 부록 등이 파손된 경우에는 교환해 드립니다.

저자 문의 e-mail : kylee04@hanmail.net

본서 기획자 e-mail : coh@cyber.co.kr(최옥현)

홈페이지 : http://www.cyber.co.kr   전화 : 031) 950-6300

　본 교재는 저자들이 편찬한 기초역학개론의 연습문제 중 홀수 번만을 골라 풀이과정과 해를 제시한 것이다. 생도들과의 역학 관련 수업현장에서 강의 내용을 주어진 문제에 어떻게 적용하여 나가는가에 대해 애로를 겪는 생도들을 왕왕 보게 된다. 따라서 본 교재는 기본적인 이론들이 공학적 문제들에 어떻게 적용되고 어떻게 해결되어 가는가를 안내해 주는 보충학습서로서 편찬된 것이다.

　생도들이 기초역학 학습의 최선의 결과를 얻으려면 우선 각 장의 개념을 잘 이해하고 연습문제들의 풀이를 완성하며 그 의미들을 이해해야 한다. 즉 생도들 스스로의 방법에 의하여 해를 도출해 내는 것이 최선의 학습방법이다. 자신이 알려고 하는 것은 스스로 해 보는 것 이상 좋은 방법이 없다. 본 학습서에서 제시하는 해법을 단순히 따라서 읽어 보는 것과 생도 스스로가 끝까지 해를 구해보는 것과는 최종단계에서 많은 차이를 가져오게 된다. 따라서 본 학습서는 제시된 문제들의 풀이를 스스로 완성한 다음 자신의 풀이방법과 비교를 위하여 활용하여야 한다.

　본 교재가 제한된 시간 내에 많은 양의 학습을 효과적으로 소화해 내어야 하는 생도들을 위해 편찬하는 편저자들의 의도가 달성되어 이에 해군무기체계 응용에의 기반이 되는 기초역학지식의 제공에 도움이 되기를 기대한다.

　끝으로 본 교재의 편찬을 기꺼이 맡아주신 성안당에 감사의 마음을 표하고자 한다.

Contents

Fundamentals of Mechanics

기초역학개론 해설집

01 Chapter >>> 공학적 문제 해결

Ⅰ. 핵심정리

01 **역학(mechanics)**

물체에 작용하는 힘과 그 효과를 다루는 물리과학

02 **공학적 문제해결 절차**

(1) 문제의 이해, 주어진 정보와 구해야 할 정보의 구분
(2) 관련된 물리적 현상의 시각화
(3) 물리적 가정의 적용으로 문제의 단순화, 모델링
(4) 역학적 원리의 적용
(5) 미지량의 계산
(6) 물리적 거동에 의한 결과 분석
(7) 결과의 점검
(8) 결과의 정리

03 **차원과 단위**

(1) 차원(dimension)

측정 가능한 모든 물리적 양

① 기본차원 : 질량(M), 길이(L), 시간(t), 온도(T)

㉠ MLtT 체계

㉡ FLtT 체계

② 유도차원 : 기본차원의 결합으로 나타낸 차원

(2) 단위체계

① SI 단위계 : 국제단위계, 절대단위계

→ 기본단위 : kg, m, s, K, A, mol, cd

② USCS 단위계 : 미국관습단위계

→ 기본단위 : slug, ft, s, R

1.1

다음 양을 적절한 접두어를 사용하여 올바른 SI 단위로 표시하시오.

(a) 0.000431kg

(b) 35.3(10^3)N

(c) 0.00532km

TIP

SI 단위계의 접두어를 활용하여 계산한다.

예 k(kilo)=10^3

풀이

(a) 0.000431kg

$$0.000431\text{kg}\left(\frac{1,000\text{g}}{1\text{kg}}\right) = 0.431\text{g}$$

(b) 35.3(10^3)N

$$35.3(10^3)\text{N}\left(\frac{1\text{kN}}{10^3\text{N}}\right) = 35.3\text{kN}$$

(c) 0.00532km

$$0.00532\text{km}\left(\frac{1,000\text{m}}{1\text{km}}\right) = 5.32\text{m}$$

정답 (a) 0.431g

(b) 35.3kN

(c) 5.32m

1.3

다음 각각을 계산하고 적절한 접두사를 갖는 SI 단위로 표시하시오.

(a) $(50mN)(6GN)$

(b) $(400mm)(0.6MN)^2$

(c) $45MN^3/900Gg$

TIP

- SI 단위계의 접두어를 활용하여 계산한다.
  예 $m(milli)=10^{-3}$, $M(mega)=10^6$, $G(giga)=10^9$
- 단위변환시 단위의 지수에 특히 유의한다.
  예 $(MN)^2=(10^3kN)^2=10^6(kN)^2$

풀이

(a) $(50mN)(6GN)$

$$(50mN)(6GN)\left(\frac{1N}{10^3mN}\right)\left(\frac{1kN}{10^3N}\right)\left(\frac{10^6kN}{1GN}\right)=300kN^2$$

(b) $(400mm)(0.6MN)^2$

$$(400mm)(0.6MN)^2\left(\frac{1m}{10^3mm}\right)=0.144m\cdot MN^2$$

(c) $45MN^3/900Gg$

$$45MN^3\left(\frac{1}{900Gg}\right)\left(\frac{10^3kN}{1MN}\right)^3\left(\frac{1Gg}{10^6}\right)=50kN^3/kg$$

정답 (a) $300kN^2$

(b) $0.144m\cdot MN^2$

(c) $50kN^3/kg$

1.5

다음 질량을 갖는 물체의 무게를 뉴턴 단위로 표시하시오. 적절한 접두어를 사용하여 유효숫자 세 자리까지 구하시오.

(a) 40kg

(b) 0.5g

(c) 4.5Mg

TIP

- 세 자리의 유효숫자를 표현하기에 적합한 접두어를 사용한다.
- 000, 00.0, 혹은 0.00으로 표현한다.

풀이

(a) 40kg

$$W = (40\text{kg}) \times (9.81\text{kg}/\text{m}^2) = 392\text{N}$$

(b) 0.5g

$$W = (0.5\text{g}) \times (9.81\text{kg}/\text{m}^2) = 4.90\text{mN}$$

(c) 4.5Mg

$$W = (4.5\text{Mg})\left(\frac{10^3\text{kg}}{1\text{Mg}}\right) \times (9.81\text{kg}/\text{m}^2) = 44.1\text{kN}$$

정답

(a) 392N

(b) 4.90mN

(c) 44.1kN

1.7

다음 숫자를 유효숫자 세 자리까지 반올림하여 표현하시오.

(a) 4.65735m

(b) 55.578g

(c) 4,555N

(d) 2,768kg

TIP

- 세 자리의 유효숫자를 표현하기에 적합한 접두어를 사용한다.
- 세 자리 유효숫자는 000, 00.0, 혹은 0.00으로 표현한다.

풀이

(a) 4.65735m ≒ 4.66m

(b) 55.578g ≒ 55.6g

(c) 4,555N ≒ 4.56kN

(d) 2,768kg ≒ 2.77Mg

정답
(a) 4.66m

(b) 55.6g

(c) 4.56kN

(d) 2.77Mg

다음을 계산하고 적절한 접두어를 사용하여 표현하시오.

(a) $(430\text{kg})^2$

(b) $(0.002\text{mg})^2$

(c) $(230\text{m})^2$

TIP

- SI 단위계의 적절한 접두어를 활용하여 표현한다.
- 단위변환시 단위의 지수계산에 유의한다.

풀이

(a) $(430\text{kg})^2$

$$(430\text{kg})^2\left(\frac{1\text{Mg}}{10^3\text{kg}}\right)^2 = 0.185\text{Mg}^2$$

(b) $(0.002\text{mg})^2$

$$(0.002\text{mg})^2\left(\frac{10^{-3}\text{kg}}{1\text{kg}}\right)^2\left(\frac{1\mu\text{g}}{10^{-6}\text{kg}}\right)^2 = 4\mu\text{g}^2$$

(c) $(230\text{m})^2$

$$(230\text{m})^2\left(\frac{1\text{km}}{10^3\text{m}}\right)^2 = 0.0122\text{km}^2$$

정답

(a) 0.185Mg^2

(b) $4\mu\text{g}^2$

(c) 0.0122km^2

02 Chapter >>> 정역학

Ⅰ. 핵심정리

01 역학

(1) 강체역학

(2) 변형체역학

(3) 유체역학

02 질점 운동에 대한 뉴턴의 운동법칙

(1) 질점(particle)과 강체(rigid body)

(2) 뉴턴의 운동법칙

　① 뉴턴의 제1법칙 : 관성의 법칙

　② 뉴턴의 제2법칙 : 가속도의 법칙

　　$\vec{F} = m\vec{a}$

　③ 뉴턴의 제3법칙 : 작용과 반작용의 법칙

03 좌표계-관성좌표계(inertial reference)

(1) 직각좌표계(catesian coordinate 혹은 rectangular coordinate) : $(x,\ y)$

(2) 평면극좌표계(plane polar coordinate) : $(r,\ \theta)$

　① 성분 : $(x,\ y) = (r\cos\theta,\ r\sin\theta)$

　② 크기 : $r = \sqrt{x^2 + y^2}$

　③ 방향 : $\theta = \tan^{-1}\dfrac{y}{x}$

04 스칼라와 벡터

(1) 벡터의 성질

  ① 벡터의 동등성

  ② 벡터의 덧셈

    ㉠ $\vec{A} + \vec{B} = (a_1 + b_1, \ a_2 + b_2, \ a_3 + b_3) = \vec{B} + \vec{A}$

    ㉡ $\vec{A} + (\vec{B} + \vec{C}) = (\vec{A} + \vec{B}) + \vec{C}$

  ③ 벡터의 스칼라곱 : $\alpha \vec{A} = (\alpha a_1, \ \alpha a_2, \ \alpha a_3)$

  ④ 벡터의 뺄셈 : $\vec{A} - \vec{B} = \vec{A} + (-\vec{B})$

(2) 벡터의 성분과 크기

  ① 성분 : $\vec{a} = [a_x, \ a_y, \ a_z] = a_x \hat{i} + a_y \hat{j} + a_z \hat{k}$

  ② 크기 : $|\vec{a}| = \sqrt{a_x^2 + a_y^2 + a_z^2}$

  ③ 방향 : $\theta_i = \cos^{-1} \dfrac{a_i}{|\vec{a}|}, \ i = 1, \ 2, \ 3$

(3) 단위 벡터(unit vector) : $\hat{u} = \dfrac{a}{|\vec{a}|}$

(4) 벡터의 내적(inner product, dot product, scalar product)

  ① $\vec{a} \cdot \vec{b} = \sum_{i=1}^{3} a_i b_i = a_1 b_1 + a_2 b_2 + a_3 b_3 = |\vec{a}||\vec{b}|\cos\theta, \ 0 < \theta < 180°$

  ② $\vec{a} \cdot \vec{b} = \vec{b} \cdot \vec{a}$

  ③ $\cos\theta = \dfrac{\vec{A} \cdot \vec{B}}{|\vec{A}||\vec{B}|} = \dfrac{\vec{A}}{|\vec{A}|} \cdot \dfrac{\vec{B}}{|\vec{B}|}$

(5) 벡터의 외적(vector product, cross product)

  ① $\vec{c} = \vec{a} \times \vec{b} = \begin{vmatrix} \hat{i} & \hat{j} & \hat{k} \\ a_1 & a_2 & a_3 \\ b_1 & b_2 & b_3 \end{vmatrix} = (a_2 b_3 - a_3 b_2)\hat{i} - (a_3 b_1 - a_1 b_3)\hat{j} + (a_1 b_2 - a_2 b_1)\hat{k}$

  ② $\vec{a} \times \vec{b} = |\vec{a}||\vec{b}|\sin\theta$

  ③ $\vec{a} \times \vec{b} = -\vec{b} \times \vec{a}$

  ④ $\vec{a} \times \vec{b} \neq \vec{b} \times \vec{a}$

(6) 스칼라 삼중적(scalar triple product)

  ① $\vec{a} \times \vec{b} \cdot \vec{c} = \begin{vmatrix} a_x & a_y & a_z \\ b_x & b_y & b_z \\ c_x & c_y & c_z \end{vmatrix}$

② $\vec{a} \times \vec{b} \cdot \vec{c} = \vec{a} \cdot \vec{b} \times \vec{c} = \vec{b} \cdot \vec{c} \times \vec{a} = \vec{c} \cdot \vec{a} \times \vec{b}$

05 합력

$$\vec{R} = \sum \vec{F} = \vec{F_1} + \vec{F_2} + \vec{F_3}$$

06 모멘트

(1) $\vec{M_0} = \vec{r} \times \vec{F}$

(2) $|\vec{M_0}| = |\vec{r}||\vec{F}|\sin\theta = |\vec{F}||\vec{r}|\sin\theta = |\vec{F}|d = \begin{vmatrix} \hat{i} & \hat{j} & \hat{k} \\ x & y & z \\ F_x & F_y & F_z \end{vmatrix}$

07 자유물체도(Free Body Diagram ; FBD) 작도

(1) 모든 지지부 제거

(2) 부호규약, 작용력, 모멘트 기호 도시

(3) 반력 도시

(4) 관련된 모든 각도와 차원 도시

08 평형 방정식(Equation of Equilibrium)

(1) $\sum \vec{F} = 0$, $\begin{matrix} \sum F_x = 0 \\ \sum F_y = 0 \\ \sum F_z = 0 \end{matrix}$

(2) $\sum \vec{M_o} = 0$, $\begin{matrix} \sum M_{o.\,x} = 0 \\ \sum M_{o.\,y} = 0 \\ \sum M_{o.\,z} = 0 \end{matrix}$

Ⅱ. 연습문제

2.1

$\vec{A}=5\hat{i}+8\hat{j}-3\hat{k}$, $\vec{B}=7\hat{i}-3\hat{j}+4\hat{k}$일 때 다음을 계산하시오.

(a) $\vec{A}+\vec{B}$ (b) $\vec{A}-\vec{B}$ (c) $3\vec{A}$

(d) $2\vec{A}+4\vec{B}$ (e) $\vec{A}\cdot\vec{B}$ (f) $\vec{A}\times\vec{B}$

TIP

- 벡터의 성질 및 계산(벡터의 합, 벡터의 뺄셈, 벡터의 스칼라곱)을 활용한다.
- 벡터의 내적은 식 (2.33)을 적용한다.
- 벡터의 외적은 식 (2.45)를 적용한다.

풀이

(a) $\vec{A}+\vec{B}=(5+7)\hat{i}+(8-3)\hat{j}+(-3+4)\hat{k}=12\hat{i}+5\hat{j}+1\hat{k}$

(b) $\vec{A}-\vec{B}=(5-7)\hat{i}+[8-(-3)]\hat{j}+(-3-4)\hat{k}=-2\hat{i}+11\hat{j}-7\hat{k}$

(c) $3\vec{A}=3(5\hat{i}+8\hat{j}-3\hat{k})=15\hat{i}+24\hat{j}-9\hat{k}$

(d) $2\vec{A}+4\vec{B}=(2\times5+4\times7)\hat{i}+[2\times8+4\times(-3)]\hat{j}+[2\times(-3)+4\times4]\hat{k}$

$\qquad\qquad =38\hat{i}+4\hat{j}+10\hat{k}$

(e) $\vec{A}\cdot\vec{B}=(5\hat{i}+8\hat{j}-3\hat{k})\cdot(7\hat{i}-3\hat{j}+4\hat{k})=5\times7+8\times(-3)+(-3)\times4$

$\qquad\qquad =35-24-12=-1$

(f) $\vec{A}\times\vec{B}=\begin{vmatrix} \hat{i} & \hat{j} & \hat{k} \\ 5 & 8 & -3 \\ 7 & -3 & 4 \end{vmatrix}$

$\qquad\qquad =[8\times4-(-3)\times(-3)]\hat{i}-[5\times4-(-3)\times7]\hat{j}+[5\times(-3)-8\times7]\hat{k}$

$\qquad\qquad =(32-9)\hat{i}-(20+21)\hat{j}+(-15-56)\hat{k}=23\hat{i}-41\hat{j}-71\hat{k}$

정답

(a) $12\hat{i}+5\hat{j}+1\hat{k}$

(b) $-2\hat{i}+11\hat{j}-7\hat{k}$

(c) $15\hat{i}+24\hat{j}-9\hat{k}$

(d) $38\hat{i}+4\hat{j}+10\hat{k}$

(e) -1

(f) $23\hat{i}-41\hat{j}-71\hat{k}$

2.3

한 소년이 서쪽으로 3m, 북쪽으로 4m 그리고 동쪽으로 6m 움직였을 때 다음을 구하시오.

(a) 이 소년의 합성 변위

(b) 이 소년이 움직인 전체 거리

TIP

운동변위를 그림과 같이 그린 후 동서 x축, 남북 y축의 위치벡터로 표현하여 계산한다.

풀이

(a) 합성변위

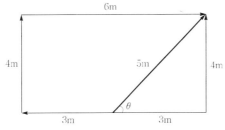

$$\theta = \tan^{-1}\left(\frac{4}{3}\right) = 53.1°$$

∴ 동북쪽 53.1° 방향으로 5m

(b) 전체 거리

$$d_{tot} = 3 + 4 + 6 = 13m$$

정답 (a) 동북쪽 53.1° 방향으로 5m

(b) 13m

2.5

어떤 비행기 조종사가 레이더 화면에서 두 개의 비행기를 관측하였다. 그 중 한 비행기는 고도 800m, 수평거리 19.2km, 서남방향으로 25°에 위치하고 있었고, 두 번째 비행기는 고도 1,100m, 수평거리 17.6km, 서남방향으로 20°에 위치하고 있었다. 두 개의 비행기 사이의 거리는 얼마인가? 단, x축은 서쪽, y축은 남쪽, z축은 수직방향에 놓여 있다고 가정한다.

TIP
- 동서 x축, 남북 y축 및 고도를 z축의 위치벡터로 표현한다.
- 두 벡터 사이의 거리는 두 벡터의 차의 절대값으로 계산한다.

풀이

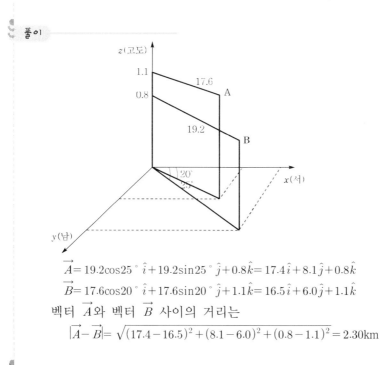

$$\vec{A}= 19.2\cos25°\,\hat{i}+19.2\sin25°\,\hat{j}+0.8\hat{k}=17.4\hat{i}+8.1\hat{j}+0.8\hat{k}$$
$$\vec{B}= 17.6\cos20°\,\hat{i}+17.6\sin20°\,\hat{j}+1.1\hat{k}=16.5\hat{i}+6.0\hat{j}+1.1\hat{k}$$

벡터 $\vec{A}$와 벡터 $\vec{B}$ 사이의 거리는

$$|\vec{A}-\vec{B}|= \sqrt{(17.4-16.5)^2+(8.1-6.0)^2+(0.8-1.1)^2}=2.30\text{km}$$

정답 2.30km

2.7

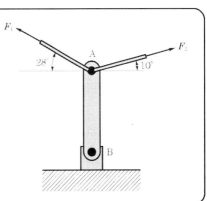

두 개의 제어봉이 레버 AB의 A에 매달려 있다. 힘 $\vec{F_1}$이 120N이고 레버의 봉에 가해진 합력 $\vec{R}$이 수직일 경우

(a) 오른쪽 봉에 필요로 하는 힘 $\vec{F_2}$와

(b) 이때의 합력 $\vec{R}$을 구하시오.

TIP

- 힘 F_1, F_2 및 합력 R을 벡터로 표현한다.
- 각 힘 성분에 대한 힘의 평형방정식을 적용한다.

풀이

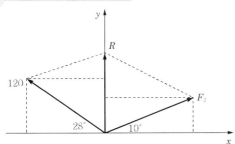

(a) 오른쪽 봉에 필요로 하는 힘 $\vec{F_2}$는 합력 $\vec{R}$이 수직방향 성분만 있으므로

$$\sum F_x = 0 \; ; \; -120\cos 28° + F_2\cos 10° = 0$$

$$\rightarrow F_2 = \frac{120\cos 28°}{\cos 10°} = 107.6\text{N}$$

(b) 합력 $\vec{R}$ 은

$$\sum F_y = 0 \; ; \; 120\sin 28° + F_2\sin 10° = R_y$$

$$\rightarrow R_y = 120\sin 28° + 107.6\sin 10° = 74.9\text{N}$$

정답 (a) 107.6N

(b) 74.9N ≒ 75N

그림과 같이 물체에 작용하는 합력을 구하시오.

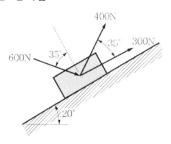

TIP

경사면 방향을 x축, 경사면에 수직 방향을 y축으로 하고 각 힘들의 물체에의 작용점을 원점으로 하여 각 힘의 벡터를 더하여 합력의 벡터를 구한다.

풀이

합력의 벡터는

$$\vec{R} = 300\,\hat{i} + 400\,(\cos 35° \, \hat{i} + \sin 35° \, \hat{j}) + 600\,(\sin 35° \, \hat{i} - \cos 35° \, \hat{j})$$
$$= (300 + 327.7 + 344.1)\,\hat{i} + (229.4 - 491.5)\,\hat{j}$$
$$= 971.8\,\hat{i} - 262.1\,\hat{j}$$

합력의 크기는

$$|\vec{R}| = \sqrt{971.8^2 + (-261.1)^2} = 1006.5\text{N}$$

합력의 방향은

$$\theta = \tan^{-1} \frac{-262.1}{971.8} = -15.1°$$

경사면과 수평면이 이루는 각이 20°이므로 수평면에 대한 합력의 방향은

$$\theta' = 20° - 15.1° = 4.9°$$

정답 1006.5N≒1,007N, ↗4.9°

2.11

벡터의 내적을 이용하여 벡터 $\overrightarrow{OA}$와 $\overrightarrow{OB}$의 사이각을 구하시오.

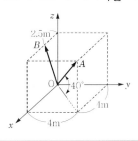

TIP

벡터의 내적에 관한 식 (2.29)을 적용하면 두 벡터의 사이각을 구할 수 있다.

풀이

그림에서 육면체의 높이 z를 구하면
$$z = \sqrt{2^2 + 2^2}\tan40° = 4\sqrt{2}\tan40° = 4.7$$

따라서, 벡터 $\overrightarrow{OA}$와 $\overrightarrow{OB}$는 각각 다음의 벡터식으로 표현할 수 있다.
$$\overrightarrow{OA} = 4\hat{i} + 4\hat{j} + 4.7\hat{k}$$
$$\overrightarrow{OB} = 2.5\hat{i} + 0\hat{j} + 4.7\hat{k}$$

두 벡터 $\overrightarrow{OA}$와 $\overrightarrow{OB}$의 사이각은 벡터의 내적에 관한 식
$$\overrightarrow{OA} \cdot \overrightarrow{OB} = |\overrightarrow{OA}||\overrightarrow{OB}|\cos\theta \text{ 으로부터}$$
$$|\overrightarrow{OA}| = \sqrt{4^2 + 4^2 + 4.7^2} = 7.4$$
$$|\overrightarrow{OB}| = \sqrt{2.5^2 + 0^2 + 4.7^2} = 5.3$$
$$\overrightarrow{OA} \cdot \overrightarrow{OB} = (4\hat{i} + 4\hat{j} + 4.7\hat{k}) \cdot (2.5\hat{i} + 0\hat{j} + 4.7\hat{k}) = 32.1$$

따라서, 두 벡터의 사이각은
$$\theta = \cos^{-1}\frac{\overrightarrow{OA} \cdot \overrightarrow{OB}}{|\overrightarrow{OA}||\overrightarrow{OB}|} = \cos^{-1}\frac{32.1}{7.4 \times 5.3} = 35.1°$$

정답 $35.1°$

2.13

$\vec{A}=5\hat{i}-6\hat{j}-1\hat{k}$와 $\vec{B}=-5\hat{i}+8\hat{j}+6\hat{k}$에 동시에 수직하는 벡터를 구하시오.

TIP

두 벡터 $\vec{A}$와 $\vec{B}$에 동시에 수직인 벡터는 두 벡터의 cross product인 $\vec{A}\times\vec{B}$ 가 두 벡터가 이루는 평면에 수직임을 활용한다.

풀이

벡터의 외적은 식 (2.45)로부터

$$\vec{A}\times\vec{B}=\begin{vmatrix} \hat{i} & \hat{j} & \hat{k} \\ 5 & -6 & -1 \\ -5 & 8 & 6 \end{vmatrix}$$

$$=\hat{i}[(-6)\times6-(-1)\times8]-\hat{j}[5\times6-(-1)\times(-5)]+\hat{k}[5\times8-(-6)\times(-5)]$$

$$=-28\hat{i}-25\hat{j}+10\hat{k}$$

정답 $\vec{R}=-28\hat{i}-25\hat{j}+10\hat{k}$

2.15

세 개의 벡터 $\vec{A}=2\hat{i}-\hat{j}-2\hat{k}$, $\vec{B}=6\hat{i}+3\hat{j}+a\hat{k}$, $\vec{C}=16\hat{i}+46\hat{j}+7\hat{k}$ 가 동일한 평면에 존재할 때 $\vec{B}$의 미지수 a의 값을 구하시오.

TIP 두 벡터의 외적이 다른 세 번째 벡터와 내적한 스칼라 삼중적의 특성을 활용한다.

풀이

세 개의 벡터가 동일 평면에 존재할 조건은

$\vec{A}\times\vec{B}\cdot\vec{C}=0$이므로

$$\vec{A}\times\vec{B}\cdot\vec{C}=\begin{vmatrix} 2 & -1 & -2 \\ 6 & 3 & a \\ 16 & 46 & 7 \end{vmatrix}$$

$$=2\begin{vmatrix} 3 & a \\ 46 & 7 \end{vmatrix}-(-1)\begin{vmatrix} 6 & a \\ 16 & 7 \end{vmatrix}+(-2)\begin{vmatrix} 6 & 3 \\ 16 & 46 \end{vmatrix}$$

$$=2(21-46a)+(42-16a)-2(276-48)$$

$$=-372-108a$$

$$=0$$

따라서,

$$a=\frac{-372}{108}=-3.44$$

정답 $a=-3.44$

2.17

다음과 같은 구조물에 두 개의 힘이 작용하고 있다. 다음을 구하시오.

(a) 합력 $\overrightarrow{F_{\text{net}}}$

(b) 합력 $\overrightarrow{F_{\text{net}}}$와 빔이 이루는 각도

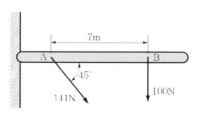

TIP

각각의 힘을 벡터로 표현하고 벡터연산(벡터의 합, 성분의 크기, 방향) 성질을 활용하여 계산한다.

풀이

(a) 합력 $\overrightarrow{F_{\text{net}}}$는 각 힘들의 합이므로

$$\overrightarrow{R} = (141\cos 45\degree\,\hat{i} - 141\sin 45\degree\,\hat{j}) - 100\hat{j}$$
$$= 99.7\hat{i} - 199.7\hat{j}$$

합력의 크기는

$$|\overrightarrow{R}| = \sqrt{99.7^2 + (-199.7)^2} = 223.2\text{N}$$

(b) 합력 $\overrightarrow{F_{\text{net}}}$와 빔이 이루는 각도는 합력의 방향과 같으므로

$$\theta = \tan^{-1}\frac{R_y}{R_x} = \tan^{-1}\frac{-199.7}{99.7} = -63.5\degree$$

정답 (a) 223.2N

(b) 63.5°

2.19

그림과 같이 하중 P가 360kN으로 가해지고 있다. 이때 선 AB에 185kN, AC에 200kN의 장력이 가해지고 있다고 할 경우 각도 α와 β를 구하시오.

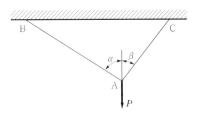

TIP 한 점에 작용하는 힘의 평형방정식인 식 (2.62)~(2.64)를 활용한다.

풀이

힘의 평형방정식 $\sum \vec{F} = 0$으로부터

$$185 \times (-\sin\alpha\,\hat{i} + \cos\alpha\,\hat{j}) + 200(\sin\beta\,\hat{i} + \cos\beta\,\hat{j}) - 360\hat{j} = 0$$

각각 $\hat{i}$와 $\hat{j}$ 성분으로 분리하면,

$\hat{i}$: $-185\sin\alpha + 200\sin\beta = 0$ ·········· (1)

$\hat{j}$: $185\cos\alpha + 200\cos\beta - 360 = 0$ ···· (2)

(1), (2)로부터

$\alpha = 21.6°$

$\beta = 20°$

정답 $\alpha = 21.6°$

$\beta = 20°$

2.21

그림과 같은 구조물에 힘이 작용하고 있을 때 점 O에 대한 모멘트를 계산하시오.

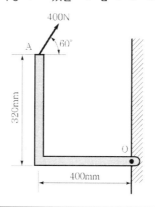

TIP

- 힘의 작용점에 대한 벡터식과 모멘트 중심점에 대한 모멘트 팔의 벡터식을 구한다.
- 식 (2.54)의 모멘트 정의에 의한 벡터 계산을 수행한다.

풀이

모멘트 중심점 O에 대한 힘의 작용점 A의 모멘트 팔의 벡터식은

$$\vec{r} = -0.4\hat{i} + 0.32\hat{j}$$

점 A에 대한 힘의 벡터식은

$$\vec{F} = 400(\cos 60°\,\hat{i} + \sin 60°\,\hat{j})$$

따라서, 점 O에 대한 모멘트는 식 (2.54)로부터

$$\vec{M_o} = \vec{r} \times \vec{F} = (-0.4\hat{i} + 0.32\hat{j}) \times 400(\cos 60°\,\hat{i} + \sin 60°\,\hat{j})$$

$$= -138.6\hat{k} - 64\hat{k}$$

$$= -202.6\hat{k}$$

$$\therefore \vec{M_o} = -202.6\,\mathrm{N \cdot m}$$

정답 $\vec{M_o} = -202.6\,\mathrm{N \cdot m}$

2.23

다음과 같은 구조물의 B에서 힌지로 지지되어 있다. 사이각 θ가 50°일 때 20N의 힘이 가해진다고 할 경우 점 B에 관한 모멘트를 구하시오.

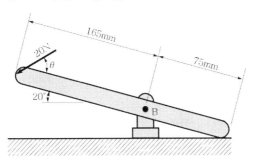

TIP

문제 2.21과 같이 힘의 벡터식과 모멘트 팔의 벡터식으로 계산하거나 힘의 모멘트 팔에 수직성분과 모멘트 팔의 곱으로 계산한다.

풀이

힌지 B에 대한 모멘트 팔의 벡터 : $\vec{r} = -0.165\cos20°\,\hat{i} + 0.165\sin20°\,\hat{j}$

힘 벡터 : $\vec{F} = 20[-\cos(50°-20°)\hat{i} - \sin(50°-20°)\hat{j}]$

따라서 모멘트는 $\overrightarrow{M_B} = \vec{r} \times \vec{F}$

$$\overrightarrow{M_B} = (-0.165\cos20°\hat{i} + 0.165\sin20°\hat{j}) \times (-20\cos30°\hat{i} - 20\sin30°\hat{j})$$

$$= 2.53\hat{k}$$

〈다른 계산방법〉

모멘트는 작용력의 모멘트 팔에 수직한 성분이 작용

작용력 모멘트 팔에의 수직성분이 $20 \times \sin50°$이므로

힌지 B에 대한 모멘트는

$$M_B = 20 \times \sin50° \times 0.165 = 2.53\,\text{N} \cdot \text{m}$$

정답 2.53N·m

2.25

물보다 비중이 작은 나무토막이 그림과 같이 물속에 잠겨 있다. 이 나무토막이 고무줄로 바닥과 나무토막이 연결되어 있다. 고무줄은 길이 L에서 평형을 이루고 있다. 이 실험 장치를 엘리베이터에 싣고 윗방향으로 가속도 운동을 한다면 고무줄의 길이는 어떻게 되겠는지 예상하시오.

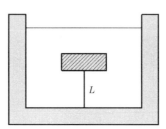

TIP 뉴턴의 제2법칙에 의해 물체의 상방향으로의 가속도 운동은 상방향 가속도에 상응하는 힘이 발생함을 고려한다.

풀이

그림과 같이 자유물체도를 그려서 나무토막에 작용하는 힘을 표현하면

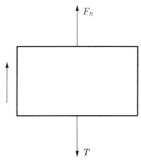

윗방향으로 가속도 운동 발생 → 윗방향으로 가속도에 상응하는 힘 발생
따라서 장력 T가 증가하므로 고무줄의 길이가 늘어난다.

정답 고무줄의 길이가 늘어난다.

2.27

다음 구조물의 지지점 A, B에서의 반력을 각각 구하시오.

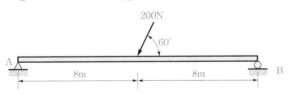

TIP

- 동일평면 내 힘과 모멘트 평형에 대한 해석절차에 따른다.
- 자유물체도를 도시한 후 평형방정식을 적용한다.

풀이

그림과 같이 자유물체도를 그리면

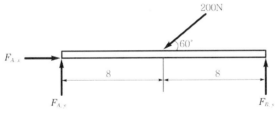

힘의 평형방정식으로부터

$\sum F_y = 0$; $F_{A.y} + F_{B.y} - 200\sin60° = 0$ ············· (1)

$\sum F_x = 0$; $F_{A.x} + F_{B.y} - 200\cos60° = 0$ ············· (2)

→ $F_{A.x} = 100\text{N}$

점 A에 대한 모멘트 평형방정식으로부터

$\sum M_A = 0$; $-200\sin60° \times 8 + F_{B.y} \times 16 = 0$ ······· (3)

→ $F_{B.y} = 86.6\text{N}$

식 (1)에 대입하면

$F_{A.y} = 200\sin60° - F_{B.y} = 86.6\text{N}$

정답 $F_{A.x} = 100\text{N}(\rightarrow)$, $F_{A.y} = 86.6\text{N}(\uparrow)$, $F_{B.y} = 86.6\text{N}(\uparrow)$

2.29

다음 구조물의 지지점 A, B에서의 반력을 각각 구하시오.

TIP

문제 2.27과 동일한 풀이 절차를 수행한다.

풀이

자유물체도를 그리면

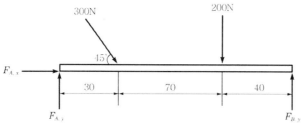

힘의 평형방정식

$$\sum F_x = 0 \; ; \; F_{A.x} + 300\cos45° = 0 \quad \cdots\cdots\cdots\cdots\cdots\cdots \text{(1)}$$

$$\rightarrow F_{A.x} = 212.1\text{N}$$

$$\sum F_y = 0 \; ; \; F_{A.y} + F_{B.y} - 300\sin45° - 200 = 0 \quad \cdots\cdots\cdots \text{(2)}$$

지지점 A에 대한 모멘트 평형방정식

$$\sum M_A = 0 \; ; \; -300\sin45° \times 30 - 200 \times 100 + F_{B.y} \times 140 = 0 \quad \cdots\cdots \text{(3)}$$

$$\rightarrow F_{B.y} = 188.3\text{N}$$

식 (2)로부터 $F_{A.y} = 223.8\text{N}$

정답 $F_{A.x} = 212.1\text{N}(\leftarrow)$, $F_{A.y} = 223.8\text{N}(\uparrow)$, $F_{B.y} = 188.3\text{N}(\uparrow)$

2.31

다음 구조물의 지지점 A, B에서의 반력을 각각 구하시오.

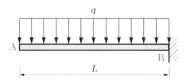

TIP

- 문제 2.27과 동일한 풀이절차를 수행한다.
- 고정지지점에는 반력 및 반력모멘트가 모두 존재함을 유의한다.

풀이

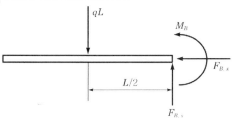

평형방정식으로부터

$$\sum F_y = 0 \ ; \ -qL + F_{B.y} = 0 \ \cdots\cdots\cdots\cdots\cdots (1)$$

$$\sum F_x = 0 \ ; \ -F_{B.x} = 0 \ \cdots\cdots\cdots\cdots\cdots\cdots (2)$$

$$\sum M_A = 0 \ ; \ qL \times \frac{L}{2} + M_B = 0 \ \cdots\cdots\cdots (3)$$

식 (2)에서 $F_{B.x} = 0$

식 (1)로부터 $F_{B.y} = qL$

식 (3)으로부터 $M_B = -\dfrac{qL^2}{2}$

정답 $F_{A.y} = 0, \ F_{B.y} = qL(\uparrow)$

2.33

다음 구조물의 지지점 A, B, C에서의 반력을 각각 구하시오.

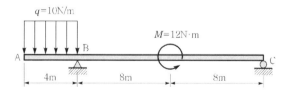

TIP

문제 2.27과 동일한 풀이절차를 수행한다.

풀이

자유물체도

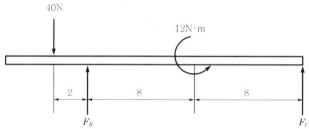

힘의 평형방정식

$$\sum F_y = 0 \; ; \; -40 + F_B + F_c = 0 \; \cdots\cdots\cdots\cdots\cdots\cdots (1)$$

$$\sum M_B = 0 \; ; \; 40 \times 2 + 12 + F_C \times 16 = 0 \; \cdots\cdots\cdots (2)$$

식 (2)에서 $F_C = -5.75\text{N} = 5.75\text{N}(\downarrow)$

식 (1)에 대입하면 $F_B = 45.75\text{N} = 45.75\text{N}(\uparrow)$

정답 $F_A = 0\text{N}(\uparrow), \; F_B = 45.75\text{N}(\uparrow), \; F_C = 5.75\text{N}(\downarrow)$

2.35

그림과 같이 ABC 구조물에 블래킷 BDE의 끝 부분에서 수직방향으로 하중 P가 가해지고 있을 때, A와 C에서의 반력을 구하시오.

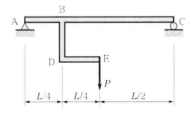

TIP

- 문제 2.27과 동일한 절차를 수행한다.
- E점의 작용하는 힘 P는 B점에 모멘트로 작용함을 고려한다.

풀이

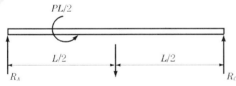

평형방정식

$$\sum F_y = 0 \ ; \ R_A + R_C - P = 0 \ \cdots\cdots\cdots\cdots \ (1)$$

$$\sum M_A = 0 \ ; \ -\frac{PL}{2} - R_C L = 0 \ \cdots\cdots\cdots\cdots \ (2)$$

식 (2)에서 $R_C = \dfrac{P}{2}(\uparrow)$

식 (1)에 대입하면 $R_A = \dfrac{P}{2}(\uparrow)$

정답 $R_A = P/2(\uparrow), \ R_C = P/2(\uparrow)$

다음 구조물의 지지점 A, D에서의 반력을 각각 구하시오.

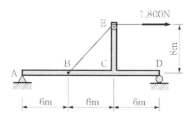

TIP

- 문제 2.27과 동일한 풀이절차를 수행한다.
- 1,800N은 구조물에 모멘트의 발생을 고려한다.

 풀이

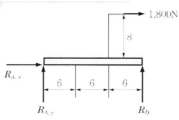

평형방정식

$$\sum F_x = 0 \; ; \; R_{A.x} + 1,800 = 0 \quad \cdots\cdots\cdots\cdots\cdots\cdots (1)$$

$$\sum F_y = 0 \; ; \; R_{A.y} + R_D = 0 \quad \cdots\cdots\cdots\cdots\cdots\cdots (2)$$

$$\sum M_A = 0 \; ; \; -1,800 \times 8 + R_D \times 18 = 0 \quad \cdots\cdots (3)$$

식 (1)에서 $R_{A.x} = -1,800\text{N} = 1,800\text{N}(\leftarrow)$

식 (3)으로부터 $R_D = 800\text{N} = 800\text{N}(\uparrow)$

따라서, 식 (2)로부터 $R_{A.y} = -800\text{N} = 800\text{N}(\downarrow)$

정답 $R_{A.x} = 1,800\text{N}(\leftarrow), \; R_{A.y} = 800\text{N}(\downarrow), \; R_D = 800\text{N}(\uparrow)$

03 재료역학

Chapter >>>

Ⅰ. 핵심정리

01 응력과 변형률

(1) 응력

$$\sigma = \frac{P}{A}$$

① 수직응력(normal stress)

② 인장응력(tensile stress)

③ 압축응력(compression stress)

(2) 변형률(strain)

$$\varepsilon = \frac{\delta}{L}$$

02 재료의 기계적 성질 – 응력 - 변형률 선도(stress - strain diagram)

(1) 공칭응력(nominal stress)−변형률 선도

(2) 진응력(true stress)−변형률 선도

(3) 선형영역(linear region)

(4) 완전소성(perfect plasticity) 혹은 항복(yielding)

(5) 변형률경화(strain hardening)

(6) 넥킹(necking)

(7) 비례한도(propotional limit)

(8) 항복응력(yield stress)

(9) 극한응력(ultimate stress)

(10) 파단(fracture)

03 Hooke의 법칙과 Poission의 비

(1) Hooke의 법칙 : $\sigma = E\varepsilon$

　　탄성계수(modulus of elasticity) : E

(2) Poission의 비 : $\nu = -\dfrac{\text{가로변형률}}{\text{축변형률}} = -\dfrac{\varepsilon'}{\varepsilon}$

04 전단응력과 전단변형률

(1) 지압응력(bearing stress) : $\sigma_b = \dfrac{F_b}{A_b}$

(2) 전단응력(shear stress) : $\tau = \dfrac{V}{A_s}$

(3) 전단변형률(shear strain) : 각변화량 γ

　① 전단에 대한 Hooke의 법칙 : $\tau = G\gamma$

　② 전단탄성계수(shear modulus of elasticity) : $G = \dfrac{E}{2(1+\nu)}$

05 안전계수와 허용응력

(1) 안전계수(safety factor) : $n = \dfrac{\text{실제강도}}{\text{요구강도}}$

(2) 허용응력(allowable stress) $= \dfrac{\text{항복계수}}{\text{안전계수}}$

　① 탄성한계 내 : $\sigma_w = \dfrac{\sigma_Y}{n}, \qquad \tau_w = \dfrac{\tau_Y}{n}$

　② 항복응력이 확실하게 정의되지 않는 경우 : $\sigma_w = \dfrac{\sigma_U}{n}, \qquad \tau_w = \dfrac{\tau_U}{n}$

(3) 허용하중＝허용응력×작용면적

06 축하중을 받는 부재의 길이변화

(1) 신장량 : $\delta = \dfrac{PL}{EA}$

(2) 불균일 단면봉에서의 길이변화 : $\delta = \displaystyle\sum_{i=1}^{n} \dfrac{P_i L_i}{E_i A_i}$

07 경사단면에 발생하는 응력

(1) $\sigma_\theta = \dfrac{P}{A}\cos^2\theta = \sigma_x\cos^2\theta = \dfrac{\sigma_x}{2}(1+\cos2\theta)$

   ① $\sigma_{max} = \sigma_x$ @ $\theta = 0°$

   ② $\sigma_{min} = 0$ @ $\theta = 90°$

(2) $\tau_\theta = -\dfrac{P}{A}\sin\theta\cos\theta = -\sigma_x\sin\theta\cos\theta = -\dfrac{\sigma_x}{2}\sin2\theta$

   ① $\tau_{max} = \mp\dfrac{\sigma_x}{2}$ @ $\theta = 45°$

   ② $\tau_{min} = 0$ @ $\theta = 0°$

08 도심과 관성모멘트

(1) 면적의 1차모멘트

$$Q_x = \int ydA, \quad Q_y = \int xdA$$

(2) 평면도형의 도심

$$\bar{x} = \frac{Q_y}{A} = \frac{\int xdA}{\int dA}, \quad \bar{y} = \frac{Q_x}{A} = \frac{\int ydA}{\int dA}$$

(3) 합성단면의 도심

$$\bar{x} = \frac{\sum\limits_{i=1}^{n}\bar{x}_i A_i}{\sum\limits_{i=1}^{n}A_i}, \quad \bar{y} = \frac{\sum\limits_{i=1}^{n}\bar{y}_i A_i}{\sum\limits_{i=1}^{n}A_i}$$

(4) 면적의 2차모멘트(관성모멘트 : Moment of Inertia)

$$I_x = \int y^2dA, \quad I_y = \int x^2dA$$

(5) 관성모멘트에 대한 평행축 정리

$$I_x = I_{xc} + Ad_1^2, \quad I_y = I_{yc} + Ad_2^2$$

(6) 극관성모멘트(Polar Moment of Inertia)

   ① $I_P = \int \rho^2dA = \int x^2dA + \int y^2dA = I_x + I_y$

   ② $(I_P)_o = (I_P)_c + Ad^2$

09 비틀림(Torsion)

(1) 원형단면 균일봉의 전단변형률

① 봉표면 : $\gamma_{\max} = r\theta = \dfrac{r\phi}{L}$

② 봉내부 : $\gamma = \rho\theta = \dfrac{\rho\tau_{\max}}{r}$

(2) 원형관(중공축)에서의 전단변형률

① 외부표면 : $\gamma_{\max} = \dfrac{r_2\phi}{L}$

② 내부표면 : $\gamma_{\min} = \dfrac{r_2}{r_1}\gamma_{\max} = \dfrac{r_1\phi}{L}$

③ 최대전단응력 : $\tau_{\max} = Gr\theta$

④ 임의의 반경에서의 전단응력 : $\tau = G\rho\theta = \dfrac{\rho}{r}\tau_{\max}$

(3) 원형단면봉에 작용하는 토크

① 비틀림 공식 : $\tau_{\max} = \dfrac{Tr}{I_P} = \dfrac{16T}{\pi d^3}$

② 임의의 반경에서의 전단응력 : $\tau = \dfrac{T\rho}{I_P} = \dfrac{\rho}{r}\tau_{\max}$

③ 비틀림 변화율 : $\theta = \dfrac{T}{GI_P}$

④ 전비틀림각 : $\phi = \dfrac{TL}{GI_P}$

10 보(beam)

(1) 보의 지지방법
① 핀지지(pin support)
② 롤러지지(roller support)
③ 고정지지(fixed or clamped support)

(2) 하중의 형태
① 집중하중(concentrated load)
② 분포하중(distributed load)
③ 우력(couple)

(3) 보의 종류

    ① 단순지지보(simple beam)

    ② 외팔보(cantilever beam)

    ③ 돌출보(overhanging beam)

(4) 전단력선도(SFD ; Shear Force Diagram)

(5) 굽힘모멘트선도(BMD ; Bending Moment Diagram)

3.1

직경 0.7mm인 두 개의 강선 AB, BC에 의해 10kg의 전등이 그림과 같이 매달려 있다. 그림에서 각 α와 β는 각각 34°와 48°이라면 각각의 강선에 걸리는 인장응력은 얼마인가?

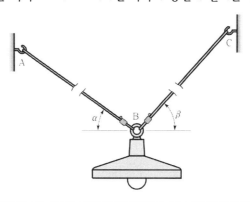

TIP

- 제2장에서 학습한 평형방정식을 적용하여 각 강선에 작용하는 힘(장력)들을 계산한다.
- 식 (3.1)를 적용하여 응력계산한다.

 풀이

평형방정식

$$\sum F_x = 0 \; ; \; -T_{AB}\cos 34° + T_{BC}\cos 48° = 0$$
$$-T_{AB} \times 0.83 + T_{BC} \times 0.67 = 0 \quad \cdots\cdots\cdots\cdots\cdots (1)$$

$$\sum F_y = 0 \; ; \; T_{AB}\sin 34° + T_{BC}\sin 48° - W = 0$$
$$T_{AB} \times 0.56 + T_{BC} \times 0.74 - 10 \times 9.81 = 0 \quad \cdots\cdots (2)$$

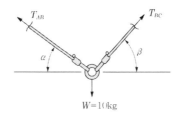

(1), (2)식으로부터

$T_{AB} = 66.71\text{N}$

$T_{BC} = 82.35\text{N}$

강선의 단면적 : $A = \dfrac{\pi d^2}{4} = \dfrac{\pi}{4}(0.0007\text{m})^2 = 3.84 \times 10^{-7}\text{m}^2$

강선의 인장응력

$$\sigma_{AB} = \frac{T_{AB}}{A} = \frac{66.71}{3.84 \times 10^{-7}} = 176\text{MPa}$$

$$\sigma_{BC} = \frac{T_{BC}}{A} = \frac{82.35}{3.84 \times 10^{-7}} = 214\text{MPa}$$

 정답 $\sigma_{AB} = 176\text{MPa}, \ \sigma_{BC} = 214\text{MPa}$

단면 6cm×8cm의 짧은 각주가 38,400N의 압축하중을 받았을 때 발생되는 압축응력은 얼마인가?

TIP 각주는 단면이 사각형인 봉을 말한다.

풀이

각주의 단면적

$$A = 6\text{cm} \times 8\text{cm} = 48\text{cm}^2$$

각주의 압축응력

$$\sigma_{\text{comp}} = \frac{P}{A} = \left(\frac{38,400\text{N}}{48\text{cm}^2} \right) \left(\frac{1\text{cm}^2}{10^2 \text{mm}^2} \right) = 8\text{N/mm}^2$$

정답 $\sigma = 8\text{N/mm}^2$

3.5

길이 150mm, 외경 15mm, 내경 12mm인 구리로 만든 원형관이 있다. 이 원형관에 20kN의 인장하중이 작용한다면 몇 mm가 늘어나겠는가? 단, 구리의 탄성계수 $E = 12.2\text{MN/cm}^2$이다.

TIP
수직응력과 축변형률에 대한 식 (3.13)으로 계산한다.

풀이

원형관의 단면적

$$A = \frac{\pi}{4}(d_o^2 - d_i^2) = \frac{\pi}{4}(1.5^2 - 1.2^2) = 0.636\text{cm}^2$$

신장량

$$\delta = \frac{PL}{EA} = \frac{20 \times 10^3\text{N} \times 15\text{cm}}{12.2 \times 10^6 \dfrac{\text{N}}{\text{cm}^2} \times 0.636\text{cm}^2} = 0.0387\text{cm} = 0.387\text{mm}$$

정답 $\delta = 0.387\text{mm}$

3.7

길이 125mm, 단면적 450mm^{2}의 봉에 인장력 40kN이 가해졌다. 봉이 0.05mm 신장되었다면 이 봉의 탄성계수는 얼마인가?

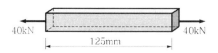

 TIP

문제 3.5와 동일한 방법으로 식 (3.13)을 적용하여 구한다.

풀이

수직응력과 축변형률에 대한 식

$\delta = \dfrac{PL}{EA}$ 으로부터

탄성계수 E는

$$E = \frac{PL}{\delta A} = \frac{40 \times 10^3 \text{N} \times 125\text{mm}}{0.05\text{mm} \times 450\text{mm}^2} = 2.22 \times 10^5 \text{N/mm}^2$$

정답 $E = 2.22 \times 10^5 \text{N/mm}^2$

3.9

직경 10mm, 게이지 길이 50mm인 황동 시편으로 인장시험을 시행하였다. 인장 하중이 20kN에 달했을 때, 게이지 길이가 0.122mm 늘어났다. 다음을 구하시오.

(a) 황동의 탄성계수 E는 얼마인가?

(b) 만일 직경이 0.00830mm 줄어들었다면 푸아송의 비는 얼마인가?

TIP

- 식 (3.13)을 활용하여 탄성계수를 계산한다.
- 계산과정에서 단위의 일관성을 유지한다.

풀이

(a) 탄성계수는

$$\delta = \frac{PL}{EA} \text{ 으로부터}$$

$$E = \frac{PL}{\delta A} = \frac{(20 \times 10^2 \text{N}) \times (50 \times 10^{-3} \text{m})}{(0.122 \times 10^{-3} \text{m}) \times \frac{\pi}{4}(10 \times 10^{-3})^2 \text{m}^2} = 104 \times 10^9 \text{Pa} = 104 \text{GPa}$$

(b) 가로변형률은 $\varepsilon = \dfrac{\delta}{L} = \dfrac{0.122 \text{mm}}{50 \text{mm}} = 0.00244$

세로변형률은 $\varepsilon' = \dfrac{\Delta d}{d} = \dfrac{-0.00830 \text{mm}}{10 \text{mm}} = -0.000830$

따라서, 푸아송의 비는

$$\nu = -\frac{\varepsilon'}{\varepsilon} = -\frac{-0.000830}{0.00244} = 0.34$$

정답 (a) $E = 104 \text{GPa}$

(b) $\nu = 0.34$

길이 50cm, 지름 2cm인 연강봉에 2,000N의 인장력을 가했더니 길이가 0.018cm 늘어났다. 이 재료에 발생된 인장응력을 구하시오.

TIP

식 (3.13)과 Hooke의 법칙을 적용하여 구한다.

풀이

$\delta = \dfrac{PL}{EA}$ 으로부터 탄성계수를 구하면

$$E = \frac{PL}{\delta A} = \frac{2,000\text{N} \times 0.5\text{m}}{0.018 \times 10^{-2}\text{m} \times \frac{\pi}{4}(0.02^2)\text{m}^2} = 1.768 \times 10^{10}\text{N/m}^2$$

$$\varepsilon = \frac{\delta}{L} = \frac{0.018\text{cm}}{50\text{cm}} = 0.00036$$

Hooke의 법칙으로부터

$$\sigma = E\varepsilon = 1.768 \times 10^{10} \times 0.00036 = 6.36 \times 10^6\text{Pa}$$
$$= 6.36\text{MPa}$$

정답 $\sigma = 6.36\text{MPa}$

3.13

각각 16mm 두께의 강철판이 지름 20mm의 두
개의 리벳으로 연결되어 있다.

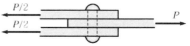

(a) 그림과 같이 50kN의 하중이 가해진다면 리벳
   에서의 최대지압응력은 얼마인가?

(b) 리벳의 극한전단응력 180MPa이라면, 리벳
   이 파손될 수 있는 하중은 얼마인가?

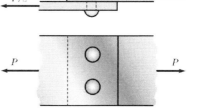

TIP

- 지압력(누르는 힘)이 작용하는 면과 전단력(재료면의 접선방향으로 작용)이 작
  용하는 면을 구분한다.
- 곡면으로 된 지압면적은 투영면적으로 계산한다.

풀이

(a) 최대지압응력

지압면적은 리벳 측면 곡면의 투영면적이므로 → $A_b = dt$

리벳이 두 개이므로 지압면적은 $2A_b$가 된다.

따라서,

지압응력 $\sigma_b = \dfrac{P}{2A_b} = \dfrac{P}{2dt} = \dfrac{50 \times 10^3 \text{N}}{2 \times (20 \times 10^{-3}\text{m}) \times (16 \times 10^{-3}\text{m})} = 78.1 \times 10^6 \text{Pa}$
$= 78.1\text{MPa}$

(b) 두 개의 리벳에 가해지는 전단력은 두 개의 강철판에 힘 P가 작용하므로
$= \dfrac{P}{2}$ → 한 개의 리벳에 가해지는 전단력 $= \dfrac{P}{4}$

전단면적은 리벳의 단면이므로 $A_s = \dfrac{\pi}{4}d^2$

전단응력 $\tau = \dfrac{\dfrac{P}{4}}{A_s} = \dfrac{P}{4A_s} = \dfrac{P}{4\left(\dfrac{\pi d^2}{4}\right)} = \dfrac{P}{\pi d^2}$

따라서 파손될 수 있는 하중은

$P_{ult} = \pi d^2 \tau = \pi \times (20 \times 10^{-3}\text{m})^2 \times (180 \times 10^6 \text{Pa}) = 226 \times 10^3 \text{N} = 226\text{kN}$

정답 (a) $\sigma_b = 78.1\text{MPa}$, (b) $P = 226\text{kN}$

3.15

그림과 같은 알루미늄 튜브가 소형 항공기 동체 내의 압력 조임쇠로 사용되고 있다. 튜브의 외경은 $d = 25\text{mm}$이고, 두께는 $t = 2.5\text{mm}$이다. 알루미늄의 항복응력은 $\sigma_Y = 270\text{MPa}$이며, 극한응력은 $\sigma_U = 310\text{MPa}$이다. 항복응력과 극한응력에 대한 안전계수가 각각 4와 5라고 하면 허용압축력은 얼마인가?

TIP

- 허용응력은 항복응력(혹은 극한응력)을 안전계수로 나눈 값이다.
- 제시된 두 가지의 기준에 의해 계산 후 작은 값을 사용하는 것이 안전설계에 유리하다.

풀이

(a) 항복응력 기준의 허용압축력

$$\sigma_{\text{allow}} = \frac{\sigma_y}{n_y} = \frac{270\text{MPa}}{4} = 67.5\text{MPa}$$

$$= \frac{P_{\text{allow}}}{A} = \frac{P_{\text{allow}}}{\frac{\pi}{4}[(25 \times 10^{-3}\text{m})^2 - (20 \times 10^{-3}\text{m})^2]}$$

따라서, 허용압축력은

$$P_{\text{allow}} = \sigma_{\text{allow}} \times A = 67.5 \times 10^6\text{Pa} \times \frac{\pi}{4}[(25 \times 10^{-3}\text{m})^2 - (20 \times 10^{-3}\text{m})^2]$$

$$= 11.9 \times 10^3\text{N} = 11.9\text{kN}$$

(b) 극한응력기준의 허용압축력

$$\sigma_{\text{allow}} = \frac{\sigma_U}{n_U} = \frac{310\text{MPa}}{5} = 62.0\text{MPa} = \frac{P_{\text{allow}}}{A} = \frac{P_{\text{allow}}}{\frac{\pi}{4}[(25 \times 10^{-3}\text{m})^2 - (20 \times 10^{-3}\text{m})^2]}$$

$$P_{\text{allow}} = 62.0 \times 10^6\text{Pa} \times \frac{\pi}{4}[(25 \times 10^{-3}\text{m})^2 - (20 \times 10^{-3}\text{m})^2]$$

$$= 10{,}956\text{N} = 11.0\text{kN}$$

따라서 위의 두 값 중 극한응력기준이 계산된 허용압축력이 작으므로

$$P_{\text{allow}} = 11.0\text{kPa}$$

정답 $\sigma_w = 11.0\text{kPa}$

3.17

금속판 사이를 그림과 같이 두께 $t = 9\,\text{mm}$인 유연한 고무패드가 삽입되어 있다. 고무패드의 크기는 길이가 160mm이고 폭이 80mm이다.

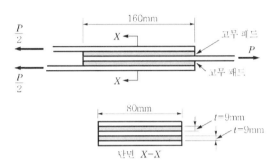

(a) 하중 $P = 16\text{kN}$이 가해진다면 평균전단변형률 γ_{aver}은 얼마인가? 고무의 전단탄성계수는 $G = 1{,}250\text{kPa}$이다.

(b) 내부쪽 판과 외부쪽 판 사이의 상대적 변위 δ는 얼마인가?

TIP

- 평균전단변형률은 평균전단응력 식 (3.6)과 전단에 대한 Hooke의 법칙 식 (3.7)로부터 구한다.
- 변위는 전단변형률(각 변형량)과 판의 두께의 곱으로 구할 수 있다.

풀이

(a) 평균전단응력

$$\tau_{\text{aver}} = \frac{P/2}{bL} = \frac{16 \times 10^3 / 2\,\text{N}}{(80 \times 10^{-3}\,\text{m}) \times (160 \times 10^{-3}\,\text{m})} = 625 \times 10^3\,\text{Pa}$$

$\tau = G\gamma$로부터 평균전단변형률을 구하면

$$\gamma_{\text{aver}} = \frac{\tau_{\text{aver}}}{G} = \frac{625 \times 10^3\,\text{Pa}}{1{,}250 \times 10^3\,\text{Pa}} = 0.50$$

(b) 변위

$$\delta = \gamma_{\text{aver}} \times t = 0.50 \times 9\,\text{mm} = 4.50\,\text{mm}$$

정답

(a) $\gamma_{\text{aver}} = 0.50$

(b) $\delta = 4.50\,\text{mm}$

3.19

그림의 강철봉 AD의 단면 면적은 2.58cm^2이며, 하중 $P_1 = 12\text{kN}$, $P_2 = 8\text{kN}$, $P_3 = 5.78\text{kN}$의 하중을 받고 있다. 봉의 각 부분의 길이는 $a = 150\text{cm}$, $b = 60\text{cm}$, $c = 90\text{cm}$이다. 강철의 탄성계수 $E = 206\text{GPa}$이라면, 이 봉의 길이변화 δ는 얼마인가? 늘어나는가? 혹은 줄어드는가?

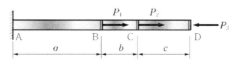

TIP 먼저 자유물체도를 통해 각 부분에 작용하는 내부축력을 구한 후 각 부분별 길이 변화를 합산하여 계산한다.

풀이

부재 AB, BC, CD에 작용하는 내부축력은

$$N_{AB} = P_1 + P_2 - P_3 = 12,000 + 8,000 - 5,780 = 14,220\text{N}$$

$$N_{BC} = P_2 - P_3 = 8,000 - 5,780 = 2,220\text{N}$$

$$N_{CD} = -P_3 = -5,780\text{N}$$

따라서, 봉의 길이 변화는 각 부분 길이 변화의 합이므로

$$\delta = \sum_{i=1}^{3} \frac{N_i L_i}{E_i A_i} = \frac{1}{EA}(N_{AB}L_{AB} + N_{BC}L_{BC} + N_{CD}L_{CD})$$

$$= \frac{1}{(206 \times 10^9 \text{Pa})(2.58 \times 10^{-4}\text{m}^2)}[(14,220\text{N})(1.5\text{m})$$
$$+ (2,220\text{N})(0.6\text{m}) - (5,780\text{N})(0.9\text{m})]$$

$$= 0.00033\text{m} = 0.033\text{cm} \ (늘어남)$$

정답 $\delta = 0.033\text{cm}(늘어남)$

3.21

3.8cm×5.0cm의 직사각형 단면의 강철봉에 P의 인장하중이 가해지고 있다. 인장허용응력과 전단허용응력이 각각 103.4MPa, 48.26MPa이라면 최대허용하중 P_{max}는 얼마인가?

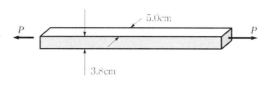

TIP 경사면에서의 최대전단응력은 수직응력의 1/2임을 고려한다.

풀이

$$\sigma_{max} = \sigma_x$$

$$\tau_{max} = \frac{1}{2}\sigma_x = 48.26 \times 10^6 \text{Pa} = \frac{1}{2}\frac{P_{max}}{A}$$

따라서, 최대허용하중은

$$P_{max} = 2A\tau_{allow}$$
$$= 2 \times (0.038 \times 0.05)\text{m}^2 \times (48.26 \times 10^6 \text{Pa}) = 183.4 \times 10^3 \text{N} = 183.4 \text{kN}$$

정답 $P_{max} = 183.4$kN

3.23

황동으로 된 두 개의 원통 봉이 그림과 같이 단면 pq에서 $\alpha = 36°$ 각도로 서로 용접되어 있다. 황동의 허용인장응력은 93.08MPa, 허용전단응력은 44.82MPa이다. 용접면에서의 허용응력은 인장과 전단응력 모두 41.37MPa로 알려져 있다. 만일 봉이 인장하중 $P = 26.69$kN을 견딜 수 있어야 한다면, 봉의 최소요구직경 $d_{\min}$은 얼마인가?

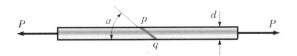

TIP

- 경사면에서의 수직응력과 전단응력은 식 (3.18a)와 (3.18b)를 적용한다.
- 주어진 네 가지 조건(모재의 허용인장응력, 허용전단응력과 용접면에서의 허용 인장응력 및 허용전단응력)하에서의 가장 작은 값을 선택하여 계산한다.

(a) 모재의 허용인장응력 기준

$\theta = 0°$에서 $\sigma_{\text{allow}} = 93.08$MPa $\rightarrow$ $\sigma_x = 93.08$MPa ···························· (1)

(b) 모재의 허용전단응력 기준

$\theta = 45°$에서 $\tau_{\text{allow}} = 44.82$MPa

$\tau_{\max} = \dfrac{\sigma_x}{2}$이므로 $\rightarrow$ $\sigma_x = 2\tau_{\text{allow}} = 2 \times 44.82$MPa $= 89.64$MPa ············ (2)

(c) 용접점($\theta = 54°$)에서의 허용수직응력 기준

$\sigma_{\text{allow}} = 41.37$MPa

인장응력 $\sigma_\theta = \sigma_x \cos^2\theta \rightarrow \sigma_x = \dfrac{\sigma_{\text{allow}}}{\cos^2\theta} = \dfrac{41.37}{(\cos54°)^2} = 119.74$MPa ····· (3)

(d) 용접점 ($\theta = 54°$)에서의 허용전단응력 기준

$\tau_{\text{allow}} = 20.69$MPa(전단)

전단응력 $\tau_\theta = -\sigma_x \sin\theta\cos\theta$

$\rightarrow \sigma_x = \left| \dfrac{\tau_{\text{allow}}}{\sin\theta\cos\theta} \right| = \dfrac{20.69}{(\sin54°)(\cos54°)} = 43.51$MPa ········ (4)

(1), (2), (3) 및 (4) 네 개의 값을 비교하면 가장 작은 값인 용접점에서의 전 단응력에 의해 지배를 받는다.

따라서, $\sigma_r = 43.51\text{MPa}$를 택한다.

봉의 최소요구직경은

$$A = \frac{P}{\sigma_r} = \frac{26.69 \times 10^3 \text{N}}{43.51 \times 10^6 \text{Pa}} = 0.0006134\text{m}^2 = \frac{\pi}{4}d^2$$

$$\rightarrow d_{min} = \sqrt{\frac{4A}{\pi}} = \sqrt{\frac{4 \times 0.0006134}{\pi}} = 0.028\text{m} = 2.8\text{cm}$$

 정답 $d_{min} = 2.8\text{cm}$

3.25

직경 $d = 15\text{mm}$인 강철축의 허용전단응력 $\tau_{\text{allow}} = 120\text{N}/\text{mm}^2$이다.

(a) 이 축이 전달할 수 있는 최대토크 T는 얼마인가?

(b) 만일 이 축을 내경이 10mm인 구멍을 내어 중공축으로 만든다면 최대토크 T'은 얼마인가?

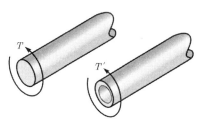

TIP

- 허용전단응력과 비틀림 공식 식 (3.42)를 사용하여 최대토크를 계산한다.
- 중실축과 중공축은 극관성모멘트 차이를 고려하여 계산한다.

풀이

(a) 중실축(solid shaft)의 최대토크

허용전단응력 $\quad \tau_{\max} = \tau_{\text{allow}} = \dfrac{Tr}{I_P}$

원의 극관성모멘트는 $I_P = \dfrac{\pi d^4}{32} = \dfrac{\pi}{32}15^4$ 이므로

$$120\frac{\text{N}}{\text{mm}^2} = \frac{T \times \left(\frac{15}{2}\text{mm}\right)}{\frac{\pi}{32}(15\text{mm})^4} \rightarrow T = 79.52\text{kN} \cdot \text{mm}$$

(b) 중공축(hollow shaft)의 허용전단응력

$\quad \tau_{\max} = \tau_{\text{allow}} = \dfrac{T'r}{I_P'}$

중공축의 극관성모멘트는 $I_P' = \dfrac{\pi}{32}(d_o^4 - d_i^4) = \dfrac{\pi}{32}\left[15^4 - 10^4\right]$ 이므로

$$120\frac{\text{N}}{\text{mm}^2} = \frac{T' \times \left(\frac{15}{2}\text{mm}\right)}{\frac{\pi}{32}(15^4 - 10^4)\text{mm}^4} \rightarrow T' = 63.81\text{kN} \cdot \text{mm}$$

정답 (a) $T = 79.52\text{kN} \cdot \text{mm}$, (b) $T' = 63.81\text{kN} \cdot \text{mm}$

3.27

그림과 같은 강철축의 소켓렌치의 직경이 8.0mm, 길이 200mm이다.

(a) 이 소켓렌치 축의 허용전단응력이 60MPa이라면 렌치에 가할 수 있는 최대허용 토크 T_{max}는 얼마인가?

(b) 최대허용토크가 가해졌을 때 축의 회전각은 얼마가 되겠는가? 단, $G = 78\text{GPa}$ 이며, 축의 굽힘은 고려하지 않는다.

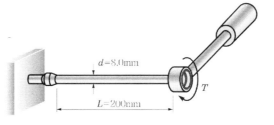

TIP

- 원형단면봉에서의 최대응력은 식 (3.43)을 적용하여 계산한다.
- 전비틀림각은 식 (3.46)을 사용하여 계산한다.
- 회전각의 단위는 라디안이므로 degree(°)로 환산한다($2\pi\text{rad} = 360°$).

풀이

(a) 원형단면봉에서의 최대허용토크는

$\tau_{max} = \dfrac{16T}{\pi d^3}$ 로부터

$\rightarrow T_{max} = \dfrac{\tau_{max}\pi d^3}{16} = \dfrac{\pi(8.0 \times 10^{-3}\text{m})^3(60 \times 10^6\text{Pa})}{16} = 6.03\text{N} \cdot \text{m}$

(b) 회전각

최대토크 $T_{max} = \dfrac{\pi d^3 \tau_{max}}{16}$ 와 원형단면의 극관성모멘트 $I_P = \dfrac{\pi d^4}{32}$ 를

전비틀림각 $\phi = \dfrac{T_{max}L}{GI_P}$ 에 대입하면,

$\rightarrow \phi = \left(\dfrac{L}{GI_P}\right)\left(\dfrac{\pi d^3 \tau_{max}}{16}\right) = \dfrac{\pi d^3 \tau_{max}L(32)}{16G(\pi d^4)} = \dfrac{2\tau_{max}L}{Gd}$

$\quad = \dfrac{2 \times 60\text{GPa} \times 200\text{mm}}{78\text{GPa} \times 8.0\text{mm}} = 0.03846\text{rad}$

라디안을 각도로 환산하면 $\phi = (0.03846\text{rad})\left(\dfrac{360°}{2\pi\text{rad}}\right) = 2.20°$

정답 (a) $T_{max} = 6.03\text{N} \cdot \text{m}$, (b) $\phi = 2.20°$

3.29

그림과 같은 플라스틱 블록에 600N의 압축력이 작용하고 있다. 그림의 $a-a$ 경사면에 작용하는 수직응력과 전단응력을 각각 구하시오.

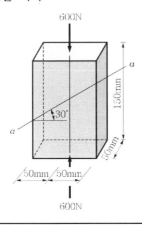

TIP

아래 그림과 같이 경사면을 따르는 방향을 x축, 경사면의 수직방향을 y축으로 하여 힘의 평형방정식을 적용하여 계산한다.

풀이

$$\sum F_x = 0 \ ; \ V - 600\sin30° = 0 \ \rightarrow \ V = 300\text{N}$$

$$\sum F_y = 0 \ ; \ -N + 600\cos30° = 0 \ \rightarrow \ N = 519.6\text{N}$$

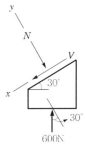

$a-a$ 경사면에 작용하는 수직응력과 전단응력은

$$\sigma_{a-a} = \frac{519.6\text{N}}{(100\times10^{-3}\text{m})\times(50\times10^{-3}\text{m})\dfrac{1}{\cos30°}} = 90.0\times10^3\text{Pa} = 90.0\text{kPa}$$

$$\tau_{a-a} = \frac{300\text{N}}{(100\times10^{-3}\text{m})\times(50\times10^{-3}\text{m})\dfrac{1}{\cos30°}} = 52.0\times10^3\text{Pa} = 52.0\text{kPa}$$

정답 $\sigma_{a-a} = 90.0\text{kPa}, \ \tau_{a-a} = 52.0\text{kPa}$

3.31

다음 도형의 도심 $\bar{x}$와 $\bar{y}$의 좌표를 구하시오.

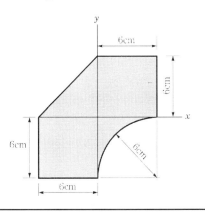

TIP

- 위 도형을 그림과 같이 유사한 기하학적 형상을 갖는 다섯 부분으로 나누어 각각의 도심좌표와 면적 1차모멘트를 계산한다.
- 복잡한 경우에는 표로 만들면 편리하다.
- 합성단면의 도심은 각 구성부분의 성질들의 합으로 식 (3.25a), (3.25b)로 계산한다.

풀이

위 도형은 그림과 같이 5부분으로 나눌 수 있다.

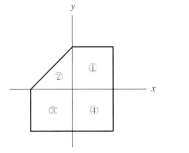
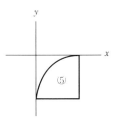

단면 ①~⑤의 면적, 도심($\bar{x}, \bar{y}$), 면적의 1차모멘트($\bar{x}A, \bar{y}A$)를 계산하여 표로 만들면 다음과 같다.

부분	$A[cm^2]$	$\bar{x}[cm]$	$\bar{y}[cm]$	$\bar{x}A[cm^3]$	$\bar{y}A[cm^3]$
1	6×6	3	3	108	108
2	$6 \times 6/2$	-2	2	-36	36
3	6×6	-3	-3	-108	-108
4	6×6	3	-3	108	-108
5	$-\pi(6^2)/4$	$6-24/3\pi$	$-(6-24/3\pi)$	-97.65	97.65
Σ	97.73			-25.65	25.65

앞의 표를 사용하면 합성단면의 도심을 다음과 같이 구할 수 있다.

$$\bar{x} = \frac{\sum \bar{x}A}{\sum A} = \frac{-25.65}{97.73} = -0.262\text{cm}$$

$$\bar{y} = \frac{\sum \bar{y}A}{\sum A} = \frac{25.65}{97.73} = 0.262\text{cm}$$

정답 $\bar{x} = -0.262\text{cm}, \quad \bar{y} = 0.262\text{cm}$

3.33

그림과 같은 삼각형의 도심 C를 지나는 축 x', y'에 대한 관성모멘트를 구하시오.

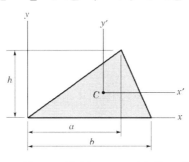

TIP

- 도심의 x좌표는 변화가 없으므로 좌우측 두 개의 삼각형으로 나누어 x축에 대한 관성모멘트를 계산한다.
- 도심좌표는 두 개 삼각형 합성단면의 도심 식 (3.25)를 활용하여 계산한 후 평행축 정리를 적용하여 y축에 대한 관성모멘트를 계산한다.

풀이

x축에 대한 관성모멘트

$$I_{x'} = \frac{1}{36}ah^3 + \frac{1}{36}(b-a)h^3 = \frac{1}{36}bh^3$$

도심을 지나는 축(x', y')은 x축으로부터 도심의 좌표만큼 떨어져 있으므로 삼각형의 도심 좌표를 다음과 같이 구한다.

$$\bar{x} = \frac{\sum \bar{x}A}{\sum A} = \frac{\frac{2}{3}a\left(\frac{1}{2}ha\right) + \left(a + \frac{b-a}{3}\right)\left[\frac{1}{2}h(b-a)\right]}{\frac{1}{2}ha + \frac{1}{2}h(b-a)} = \frac{b+a}{3}$$

평행축정리를 사용하여 도심에서의 관성모멘트 $I_{y'}$를 계산한다.

$$I_{y'} = \frac{1}{36}ha^3 + \frac{1}{2}ha\left(\frac{b+a}{3} - \frac{2}{3}a\right)^2 + \frac{1}{36}h(b-a)^3 + \frac{1}{2}h(b-a)\left(a + \frac{b-a}{3} - \frac{b+a}{3}\right)^2$$

$$= \frac{1}{36}hb(b^2 - ab + a^2)$$

정답 $I_{x'} = \dfrac{bh^3}{36}$, $I_{y'} = \dfrac{hb}{36}(b^2 - ab + a^2)$

그림과 같은 보의 점 C에서의 전단력 V와 굽힘모멘트 M을 구하시오.

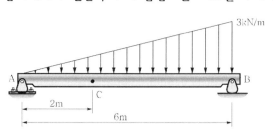

TIP

• 먼저 자유물체도로부터 지지점에서의 반력을 구한다.
• 구하고자 하는 지점에 대한 힘과 모멘트 평형식을 적용하여 전단력과 굽힘모멘트를 계산한다.

풀이

그림의 FBD로부터 B에 대한 모멘트 식을 적용하면

$$\sum M_B = 0 \; ; \; -A_y \times 6 + 9 \times 2 = 0$$
$$\rightarrow A_y = 3\text{kN}$$
$$\sum F_x = 0 \; ; \; A_x = 0$$

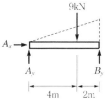

C점에 대한 힘과 모멘트 평형식을 적용하면

$$\sum M_C = 0 \; ; \; -3 \times 2 + 1 \times \frac{2}{3} + M_C = 0$$
$$\rightarrow M_C = 5.33\text{kN} \cdot \text{m}$$
$$\sum F_y = 0 \; ; \; 3 - 1 - V_C = 0$$
$$\rightarrow V_C = 2\text{kN}$$

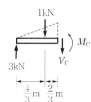

정답 $V_C = 2\text{kN}, \; M_C = 5.33\text{kN} \cdot \text{m}$

3.37

그림과 같은 돌출보의 C점과 D점에 작용하는 전단력 V와 굽힘모멘트 M을 구하시오.

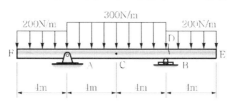

TIP

• 자유물체도로부터 지지점에서의 반력을 구한다.
• 구하고자 하는 지점에 대한 힘과 모멘트 평형식을 적용하여 V와 M을 구한다.

풀이

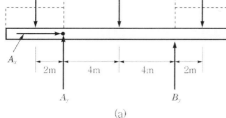

(a)

FBD (a)로부터 반력을 구하면

$$\sum M_A = 0$$

$$B_y(8) + 800(2) - 2,400(4) - 800(10) = 0 \;\rightarrow\; B_y = 2,000\text{N}$$

FBD (b)로부터 요소 ED에서의 전단력과 굽힘모멘트를 구하면

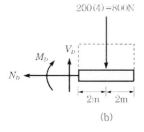

(b)

$$\sum F_x = 0 \; ; \; N_D = 0$$

$$\sum F_y = 0 \; ; \; V_D - 800 = 0 \; \rightarrow \; V_D = 800\text{N}$$

$$\sum M_A = 0 \; ; \; -M_D - 800 \times 2 = 0 \; \rightarrow \; M_D = -1,600\text{N} \cdot \text{m} = -1.6\text{kN}$$

FBD (c)로부터 요소 ED에서의 전단력과 굽힘모멘트를 구하면

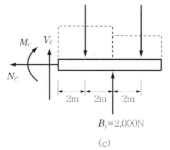

300(4)=1,200N   200(4)=800N

M_c V_c

N_c

2m   2m   2m

$B_y = 2,000\text{N}$

(c)

$$\sum F_x = 0 \; ; \; N_C = 0$$

$$\sum F_y = 0 \; ; \; V_C + 2,000 - 1,200 - 800 = 0 \; \rightarrow \; V_C = 0\text{N}$$

$$\sum M_C = 0 \; ; \; 2,000(4) - 1,200 \times 2 - 800 \times 6 - M_C = 0 \; \rightarrow \; M_C = 800\text{N} \cdot \text{m}$$

정답 $\quad V_C = 0\text{N}, \; M_C = 800\text{N} \cdot \text{m}, \; V_D = 800\text{N}, \; M_D = -1.6\text{kN} \cdot \text{m}$

3.39

보 ABC가 A와 B에서 단순 지지되어 있고, B에서 C로 돌출되어 있다. 수평방향의 힘 $P_1 = 4.0\text{kN}$이 보 왼쪽 끝의 수직 팔에 작용하고 있고, 오른쪽 끝에는 $P_2 = 8.0\text{kN}$의 수직력이 작용하고 있다. 보의 왼쪽 지지점으로부터 3.0m에 위치한 지점에서의 전단력 V와 굽힘모멘트 M을 구하시오.

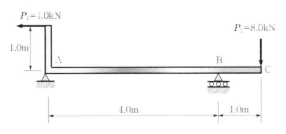

TIP

문제 3.37과 동일한 풀이절차를 수행한다.

풀이

먼저 FBD로부터 지지점 A와 B에서의 반력을 구하면

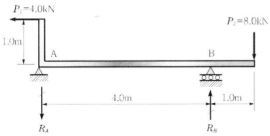

$$\sum M_B = 0 \; ; \; 4.0 \times 1.0 + R_A \times 4 - 8.0 \times 1.0 = 0 \; \rightarrow \; R_A = -1.0\text{kN}$$

$$\sum M_A = 0 \; ; \; 4.0 \times 1.0 + R_B \times 4 - 8.0 \times 5.0 = 0 \; \rightarrow \; R_B = 9.0\text{kN}$$

요소 AD에 대한 FBD로부터 전단력과 굽힘모멘트를 계산하면

$$\sum F_y = 0 \; ; \; V = -R_A \; \rightarrow \; V = 1.0\text{kN}$$

$$\sum M_D = 0 \; ; \; M = -R_A \times 3.0 - 4.0 \; \rightarrow \; M = -7.0\text{kN} \cdot \text{m}$$

정답 $V = 1.0\text{kN}, \; M = -7.0\text{kN} \cdot \text{m}$

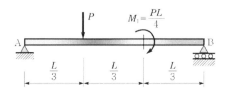

3.41

단순보 AB에 그림과 같이 집중하중 P와 시계방향의 우력 $M_1 = PL/4$이 작용하고 있다. 이 보에 대한 전단력 선도와 굽힘모멘트 선도를 그리시오.

$$M_1 = \frac{PL}{4}$$

A ◯ B ◯

$$\frac{L}{3} \quad \frac{L}{3} \quad \frac{L}{3}$$

TIP

- 자유물체도로부터 지지점에서의 반력을 구한다.
- 집중하중 혹은 모멘트가 작용하는 지점을 기점으로 구간을 나누어 전단력과 굽힘모멘트를 계산한다.
- 문제의 경우 보 중간에 집중하중과 모멘트가 작용하므로 이들 하중이 작용하는 지점을 기점으로 세 구간으로 나누어 계산한다.

풀이

다음 그림의 FBD로부터 지지점 A와 B에서의 반력을 구하면

$$M_1 = \frac{PL}{4}$$

A B

$$R_A = \frac{5P}{12} \qquad \frac{L}{3} \quad \frac{L}{3} \quad \frac{L}{3} \qquad R_B = \frac{7P}{12}$$

$$\sum M_A = 0 \;;\quad -\frac{PL}{3} - \frac{PL}{4} + R_B L = 0 \qquad\qquad \rightarrow R_B = \frac{7}{12}P$$

$$\sum F_y = 0 \;;\quad R_A + R_B - P = 0 \qquad\qquad \rightarrow R_A = \frac{5}{12}P$$

(a) 구간 $0 \leq x \leq L/3$

$$\sum F_y = 0 \;;\quad \frac{5}{12}P - V = 0 \qquad\qquad \rightarrow V = \frac{5}{12}P$$

$$\sum M_x = 0 \;;\quad -\frac{5}{12}Px + M = 0 \qquad\qquad \rightarrow M = \frac{5}{12}Px$$

(b) 구간 $L/3 \leq x \leq 2L/3$

$$\sum F_y = 0 \;;\quad \frac{5}{12}P - P - V = 0 \qquad\qquad \rightarrow V = -\frac{7}{12}P$$

$$\sum M_x = 0 \ ; \quad -\frac{5}{12}Px + P\left(x - \frac{L}{3}\right) + M = 0 \qquad \rightarrow \ M = \frac{1}{3}PL - \frac{7}{12}Px$$

(c) 구간 $2L/3 \leq x \leq L$

$$\sum F_y = 0 \ ; \quad \frac{5}{12}P - P - V = 0 \qquad\qquad\qquad \rightarrow \ V = -\frac{7}{12}P$$

$$\sum M_x = 0 \ ; \quad -\frac{5}{12}Px + P\left(x - \frac{L}{3}\right) - \frac{PL}{4} + M = 0 \quad \rightarrow \ M = -\frac{7}{12}Px + \frac{7}{12}PL$$

정답 이들로부터 전단력 선도(SFD)와 굽힘모멘트 선도(BMD)를 그리면 다음과 같다.

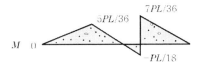

3.43

그림과 같이 두 개의 집중하중이 작용하는 단순보에 대한 전단력 선도와 굽힘모멘트 선도를 그리시오.

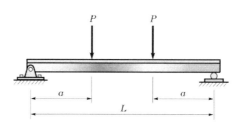

TIP

• 문제 3.41과 같은 방법을 적용한다.

풀이

다음 그림의 FBD로부터 지지점 A와 B에서의 반력을 구하면

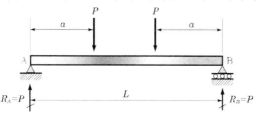

$$\sum M_A = 0 \ ; \quad -Pa - P(L-a) + R_B L = 0 \qquad \rightarrow \quad R_B = P$$

$$\sum F_y = 0 \ ; \quad R_A - 2P + R_B = 0 \qquad \rightarrow \quad R_A = P$$

(a) 구간 $0 \leq x \leq a$

$$\sum F_y = 0 \ ; \quad P - V = 0 \qquad \rightarrow \quad V = P$$

$$\sum M_x = 0 \ ; \quad -Px + M = 0 \qquad \rightarrow \quad M = Px$$

(b) 구간 $a \leq x \leq L-a$

$$\sum F_y = 0 \ ; \quad P - P - V = 0 \qquad \rightarrow \quad V = 0$$

$$\sum M_x = 0 \ ; \quad -Px + P(x-a) + M = 0 \qquad \rightarrow \quad M = Pa$$

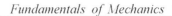
(c) 구간 $L - a \leq x \leq L$

$\sum F_y = 0$;　$P - P - P - V = 0$　　　　　　　　　　$\rightarrow$　$V = -P$

$\sum M_x = 0$;　$-Px + P(x - a) + P[x - (L - a)] + M = 0$　$\rightarrow$　$M = PL - Px$

정답 이들로부터 SFD와 BMD를 그리면 다음과 같다.

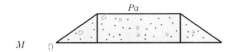

MEMO

04 열역학

I. 핵심정리

01 열역학의 기초

(1) 열

계와 주위 사이의 온도차에 의한 에너지 전달

(2) 계(system)와 검사체적(control volume)

① 계경계(system boundary)와 검사면(control surface)

② 주위(surroundings)

(3) 계의 종류

① 밀폐계(closed system)

② 개방계(open system)

③ 고립계(isolated system)

(4) 상태와 상태량

① 상(phase)

② 강성적 상태량(intensive property)

③ 종량성 상태량(extensive property)

(5) 상태의 평형

① 열적 평형(thermal equilibrium)

② 역학적 평형(mechanical equilibrium)

③ 화학적 평형(chemical equilibrium)

④ 열역학적 평형(thermodynamic equilibrium)

(6) 과정과 사이클

① 과정(process)

㉠ 등온과정(isothermal process)

㉡ 정압과정(isobaric process)

ⓒ 정적과정(isochoric process)

② 사이클(cycle)

　열적 사이클(thermal cycle)

02 온도측정 및 열역학 제0법칙

(1) 열역학 제0법칙(zeroth law of thermodynamics)

(2) 온도 눈금

① 섭씨눈금 : $T_C = \dfrac{5}{9}(T_F - 32)\,℃$

② 화씨눈금 : $T_F = \dfrac{9}{5}T_C + 32\,°\mathrm{F}$

③ 켈빈눈금 : $T = T_C + 273.15\,\mathrm{K}$

03 일과 에너지

(1) 에너지(energy)

(2) 일

① $W = \displaystyle\int_1^2 F dx\,[\mathrm{J}]$

② 준편형과정에서의 이동경계일 : $_1W_2 = \displaystyle\int_1^2 \delta W = \int_1^2 P dV\,[\mathrm{J}]$

(3) 열

① $_1Q_2 = \displaystyle\int_1^2 \delta Q\,[\mathrm{J}]$

② 단위시간당 전달열량 : $\dot{Q} = \dfrac{\delta Q}{dt}\,[\mathrm{W}]$, $Q = \dot{Q}\Delta t\,[\mathrm{J}]$

③ 단위질량당 전달열량(비열전달) : $q = \dfrac{Q}{m}\,[\mathrm{J/kg}]$

(4) 비열 및 열용량

① 열용량(heat capacity) : $C = \dfrac{Q}{\Delta T}\,[\mathrm{J/℃}]$

$$Q = mc\Delta T\,[\mathrm{J}]$$

② 비열(specific heat) : $c = \dfrac{Q}{m\Delta T}\,[\mathrm{J/kg \cdot ℃}]$

(5) 열의 전달방법

① 전도(conduction) : Fourier's conduction law

$$Q_{\mathrm{cond}}^{\cdot} = -kA\frac{dT}{dx}[\mathrm{W}]$$

여기서, k : 열전도계수(thermal conductivity)

② 대류(convection) : Newton's cooling law

$$Q_{\mathrm{conv}}^{\cdot} = hA(T_s - T_f)[\mathrm{W}]$$

여기서, h : 대류열전달계수(convection heat transfer coefficient)

③ 복사(radiation) : Stefan-Boltzmann's law

$$Q_{\mathrm{rad}}^{\cdot} = \varepsilon\sigma A(T_s^4 - T_{\mathrm{surr}}^4)[\mathrm{W}]$$

여기서, σ : 슈테판-볼츠만 상수 $\sigma = 5.67 \times 10^{-8}\mathrm{W/m^2 \cdot K^4}$

ε : 방사율

(6) 일과 열의 공통특성

① 경계현상(boundary phenomena)

② 과도현상(transient phenomena)

③ 과정과 관계

④ 경로함수(path function)

불완전미분(in-exact differential)

04 이상기체 방정식

(1) 보일의 법칙 : $PV = \mathrm{const}$

(2) 샤를의 법칙 : $\dfrac{V}{T} = \mathrm{const}$

(3) 보일-샤를의 법칙 : $\dfrac{PV}{T} = \mathrm{const}$

(4) 이상기체 방정식

① $PV = n\overline{R}T$

② $Pv = \overline{R}T$

③ $PV = mRT$

④ $Pv = RT$

(5) 일반기체상수 : $\overline{R} = 8.3145\dfrac{\text{kN} \cdot \text{m}}{\text{kmol} \cdot \text{K}} = 8.3145\dfrac{\text{kJ}}{\text{kmol} \cdot \text{K}} = 1{,}545\dfrac{\text{ft} \cdot \text{lbf}}{\text{lb} \cdot \text{mol} \cdot \text{R}}$

(6) 특정기체상수 : $R = \dfrac{\overline{R}}{M}[\text{kJ/kg} \cdot \text{K}]$

$$R_{\text{air}} = 0.287\text{kJ/kg} \cdot \text{K}$$

05 열역학 제1법칙(에너지 보존의 법칙)

(1) 사이클에서의 열역학 제1법칙 : $\oint \delta Q = \oint \delta W$

(2) 내부에너지(internal energy)

$$dE = d(U + KE + PE) = \delta Q - \delta W$$

고정시스템 : $dE = dU = \delta Q - \delta W\,(\Delta KE = \Delta PE = 0)$

(3) 엔탈피(enthalpy) : $H = U + PV\,[\text{J}]$

① 단위질량당 엔탈피 : $h = \dfrac{H}{m} = u + Pv\,[\text{kJ/kg}]$

② $u = h - Pv$

(4) 정적비열과 정압비열

① 정적비열 : $c_v = \dfrac{1}{m}\left(\dfrac{\delta Q}{\delta T}\right)_v = \dfrac{1}{m}\left(\dfrac{\partial U}{\partial T}\right)_v = \left(\dfrac{\partial u}{\partial T}\right)_v$

　　㉠ $dU = mc_v dT$

　　㉡ $du = c_v dT$

② 정압비열 : $c_p = \dfrac{1}{m}\left(\dfrac{\delta Q}{\delta T}\right)_p = \dfrac{1}{m}\left(\dfrac{\partial H}{\partial T}\right)_p = \left(\dfrac{\partial h}{\partial T}\right)_v$

　　㉠ $dH = mc_p dT$

　　㉡ $dh = c_p dT$

③ 이상기체의 내부에너지 변화 : $\Delta u = u_2 - u_1 = \displaystyle\int_1^2 c_v(T)dT$

④ 이상기체의 엔탈피변화 : $\Delta h = h_2 - h_1 = \displaystyle\int_1^2 c_p(T)dT$

　　㉠ $h = u + Pv = u + RT$

　　㉡ $c_{po} - c_{vo} = R$

06 ▶ 열역학 제2법칙

(1) 열기관과 열역학 제2법칙

   ① 열기관(heat engine)

   ② 작동유체(working fluid)

   ③ 열기관의 효율

$$\eta_{th} = \frac{W}{Q_H} = \frac{Q_H - Q_L}{Q_H} = 1 - \frac{Q_L}{Q_H}$$

   ④ Kelvin-Plank의 서술(Kelvin-Plank's statement)

(2) 냉동기(열펌프)와 열역학 제2법칙

   ① 냉동기(refrigerator)

   ② 열펌프(heat pump)

   ③ 냉매(refrigerant)

   ④ 성적계수(혹은 성능계수, coefficient of performance)

     ㉠ 냉동기 : $COP_R = \dfrac{Q_L}{W} = \dfrac{Q_L}{Q_H - Q_L} = \dfrac{1}{\dfrac{Q_H}{Q_L} - 1}$

     ㉡ 열펌프 : $COP_{HP} = \dfrac{Q_H}{W} = \dfrac{Q_H}{Q_H - Q_L} = \dfrac{1}{1 - \dfrac{Q_H}{Q_L}}$

     ㉢ $COP_{HP} = COP_R + 1$

   ⑤ Clausius의 서술(Clausius' statement)

$$COP_R = \frac{Q_L(\text{or } Q_H)}{W}$$

(3) K-P의 서술과 Clausius 서술의 공통점

(4) 영구기관

   ① 제1종 영구기관

   ② 제2종 영구기관

   ③ 제3종 영구기관

07 **가역과정과 비가역과정**

(1) 가역과정(reversible process)

(2) 비가역과정(ir-reversible process)

(3) 카르노 사이클(Carnot cycle)

카르노 사이클 효율 : $\eta_{\text{th. Carnot}} = 1 - \dfrac{Q_L}{Q_H} = 1 - \dfrac{T_L}{T_H}$

(4) 카르노 정리(Carnot principal)

(5) 이상기체의 온도척도와 열역학적 온도척도

$\dfrac{q_H}{q_L} = \dfrac{T_H}{T_L}$

08 **열역학 제2법칙과 엔트로피**

(1) Clausius의 부등식 : $\displaystyle\oint \dfrac{\delta Q}{T} \leq 0$

(2) 엔트로피 : $dS \equiv \left(\dfrac{\delta Q}{T}\right)_{\text{rev}}$ [kJ/K]

$$\triangle S = S_2 - S_1 = \int_1^2 \left(\dfrac{\delta Q}{T}\right)_{\text{rev}} \text{[kJ/K]}$$

(3) 엔트로피 관계식

① Gibb's equation

㉠ $TdS = dU + PdV,$ $\qquad Tds = du + Pdv$

㉡ $TdS = dH - VdP,$ $\qquad Tds = dh - vdP$

② 이상기체에서의 엔트로피 변화

㉠ $s_2 - s_1 = \displaystyle\int_1^2 c_{v(t)} \dfrac{dT}{T} + R\ln\dfrac{v_2}{v_1}$

㉡ $s_2 - s_1 = \displaystyle\int_1^2 c_{p(t)} \dfrac{dT}{T} - R\ln\dfrac{P_2}{P_1}$

(4) 등엔트로피와 폴리트로픽 관계식

① 등엔트로피(isen-tropic) 관계식

㉠ $\dfrac{T_2}{T_1} = \left(\dfrac{P_2}{P_1}\right)^{\frac{k-1}{k}}$

㉡ $\dfrac{T_2}{T_1} = \left(\dfrac{v_1}{v_2}\right)^{k-1}$

㉢ $\left(\dfrac{P_2}{P_1}\right) = \left(\dfrac{v_1}{v_2}\right)^{k}$

㉣ 비열비(specific heat ratio) : $k = \dfrac{c_{po}}{c_{vo}}$

② 폴리트로픽(polytropic) 관계식 : $Pv^n = \mathrm{const} = C$

  ㉠ $n = 0$: 정압과정($P = C$)

  ㉡ $n = 1$: 등온과정($T = C$)

  ㉢ $n \to \infty$: 정적과정($V = C$)

  ㉣ $n = k$: 등엔트로피과정($S = C$)

09 가솔린 기관과 디젤 기관

(1) 가솔린 엔진(gasoline engine)

  Otto cycle의 열효율 : $\eta_{\mathrm{th.\ otto}} = 1 - \dfrac{1}{\left(\dfrac{V_1}{V_2}\right)^{k-1}}$

  여기서, 압축비(compression ratio)$= V_1 / V_2$

(2) 디젤 엔진(Diesel engine)

4.1

내부 부피가 200.00cm³인 강철 가스통에 가스가 30℃, 200kPa의 압력하에 저장되어 있다. 이 가스통이 불에 던져졌고 기체의 온도가 200℃에 도달되었을 때 가스통 내부의 압력은 얼마인가?

TIP

• 일반적인 가스는 이상기체로 가정하여 계산한다.
• 가스통 내의 질량은 일정하며, 강철 가스통이므로 체적도 일정하다.
• 계산과정 중 온도는 모두 절대온도로 환산하여 계산한다.

풀이

이상기체 방정식 $PV = mRT$ 로부터

과정 전후의 질량은 일정하므로($m_1 = m_2$)

$$mR = \frac{P_1 V_1}{T_1} = \frac{P_2 V_2}{T_2}$$

과정 전후의 체적이 일정하므로($V_1 = V_2$)

$$\rightarrow \quad \frac{P_1}{T_1} = \frac{P_2}{T_2}$$

$$\rightarrow \quad P_2 = P_1 \frac{T_2}{T_1} = (200\text{kPa}) \frac{(200+273)\text{K}}{(30+273)\text{K}} = 312.2\text{kPa}$$

정답 312.2kPa

4.3

초기의 상태 1에 있는 기체가 경로 $a(1-m-n-2)$, 경로 $b(1-n-2)$, 경로 $c(1-2)$에 따라 2의 상태로 변화할 때 행한 일을 각각 구하시오. 단, 경로 $1-n$은 $PV=c_1$, 과정 1-2는 $PV^{1.3}=c_2$이다.

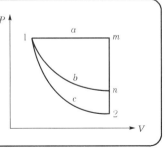

TIP

- 이동경계일에 대한 식 (4.7)을 적용한다.
- 압력 P와 체적 V의 관계식을 활용하여 적분 수행한다.

풀이

(a) 경로 a : $P=\mathrm{const}$

$$_1W_2 = \int_1^2 PdV = P\int_1^2 dV = P(V_2-V_1) = P_1(V_2-V_1)$$

(b) 경로 b : $PV=c_1 \;\rightarrow\; P=\dfrac{c_1}{V}$

$$_1W_2 = \int_1^2 PdV = \int_1^2 \frac{c_1}{V}dV = c_1\ln\frac{V_2}{V_1} = P_1V_1\ln\frac{V_2}{V_1}\left(\text{혹은} = P_1V_1\ln\frac{P_1}{P_2}\right)$$

(c) 경로 c : $PV^{1.3}=c_2 \;\rightarrow\; P=\dfrac{c_2}{V^{1.3}}$, $c_2=P_1V_1^{1.3}=P_2V_2^{1.3}$

$$_1W_2 = \int_1^2 PdV = \int_1^2 \frac{c_2}{V^{1.3}}dV = c_2\frac{V_2^{0.3}-V_1^{0.3}}{1-1.3} = \frac{P_2V_2-P_1V_1}{-0.3}$$

정답

(a) 경로 a : $P_1(V_2-V_1)$

(b) 경로 b : $P_1V_1\ln\dfrac{V_2}{V_1}\left(\text{or }\; P_1V_1\ln\dfrac{P_1}{P_2}\right)$

(c) 경로 c : $-\dfrac{1}{0.3}(P_2V_2-P_1V_1)$

4.5

지름이 10m인 구형 헬륨 풍선이 15℃, 100kPa의 대기 중에 있다. (a) 얼마나 많은 헬륨이 들어 있는가? 이 풍선은 같은 체적의 대기의 무게를 들어 올릴 수 있다. (b) 풍선을 만든 직물과 구조물의 질량은 얼마인가?

TIP
- 헬륨은 이상기체로 가정할 수 있으므로 식 (4.26)과 (4.28)을 적용한다.
- 헬륨의 몰질량 : $m_{He} = 4kg/kmol$
- 헬륨의 기체상수 : $R_{He} = \dfrac{\overline{R}}{m_{He}} = \dfrac{8.3145kJ/kmol \cdot K}{4kg/kmol} = 2.079kJ/kg \cdot K$
- 공기의 기체상수 : $R_{air} = 0.287kJ/kg \cdot K$
- 구의 체적 : $V = \dfrac{4}{3}\pi r^3$
- 풍선이 대기 중에 떠있으려면 풍선 내의 헬륨질량과 풍선구조물 질량과의 합이 동일 부피의 공기의 질량과 같아야 평형을 이룰 수 있음을 고려한다.

풀이

(a) 풍선의 체적은

$$V = \frac{4}{3}\pi r^3 = \frac{4}{3}\pi \left(\frac{d}{2}\right)^3 = \frac{1}{6}\pi d^3 = 523.6m^3$$

풍선 내 헬륨의 질량은 이상기체방정식으로부터

$$m_{He} = \frac{PV}{R_{He}T} = \frac{(100kPa) \times (523.6m^3)}{(2.079kJ/kg \cdot K) \times (15+273)K} = 87.45kg$$

(b) 풍선 체적과 동일한 체적의 공기 질량은

$$m_{air} = \frac{PV}{R_{air}T} = \frac{(100kPa) \times (523.6m^3)}{(0.287kJ/kg \cdot K) \times (15+273)K} = 633.47kg$$

따라서, 풍선의 구조물 질량은

$$m_{lift} = m_{air} - m_{He} = 633.47 - 87.45 = 546.02kg$$

정답 (a) $m_{He} = 87.45kg$

(b) $m_{lift} = 546.02kg$

4.7

유리컵을 45℃의 더운물로 세척한 후, 탁자에 거꾸로 두었다. 20℃의 실내 공기가 유리컵으로 들어가서 40℃로 가열되었고, 일부 공기가 새어나가 내부 압력이 101kPa의 주위 압력보다 2kPa 높게 되었다. 이때 유리컵과 내부 공기가 실온으로 냉각되었다면 유리컵 내부의 압력은 얼마인가?

TIP
- 공기는 이상기체로 가정할 수 있으며 법칙 식 (4.23)을 활용한다.
- 유리컵 내의 공기 질량과 유리컵의 체적은 일정하다.

풀이

식 (4.23)의 보일 - 샤를의 법칙으로부터

$$\frac{V_1 P_1}{T_1} = \frac{V_2 P_2}{T_2} \text{ 로부터 } V_1 = V_2 \text{이므로}$$

$$\frac{P_1}{T_1} = \frac{P_2}{T_2} \rightarrow P_2 = P_1 \frac{T_2}{T_1} = 103\text{kPa} \times \frac{20+273}{40+273} = 96.4\text{kPa}$$

정답 96.4kPa

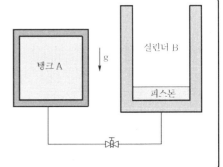

4.9

그림과 같이 1m^3의 견고한 탱크에 1,500kPa, 300K의 공기가 들어있고 밸브를 통해 피스톤-실린더에 연결되어 있다. 단면적이 0.1m^2인 피스톤을 들어 올리려면 250kPa이 필요하다. 밸브를 열어서 피스톤이 천천히 2m 올라간 후 밸브를 닫았다. 이 과정 동안 온도는 300K이 유지된다. 탱크의 최종압력을 계산하시오.

TIP
- 탱크 A에서의 유출 공기량=실린더 B의 유입공기량
- 공기는 이상기체로 가정, $R_{air} = 0.287\text{kJ/kg} \cdot \text{K}$

풀이

탱크 A의 초기질량 : $m_{A1} = \dfrac{P_A V_A}{RT_A} = \dfrac{1,500\text{kPa} \times 1\text{m}^3}{0.287\text{kJ/kg} \cdot \text{K} \times 300\text{K}} = 17.42\text{kg}$

실린더 B로의 유입질량 : $m_B = \dfrac{P_B V_B}{RT_B} = \dfrac{250\text{kPa} \times (0.1 \times 2)\text{m}^3}{0.287\text{kJ/kg} \cdot \text{K}(300\text{K})} = 0.58\text{kg}$

탱크 A의 최종 질량 : $m_{A2} = m_{A1} - m_B = 17.42 - 0.58 = 16.84\text{kg}$

따라서 탱크 A의 최종압력은

$$P_{A2} = \frac{m_{A2} R T_{A2}}{V_A} = \frac{16.84\text{kg} \times 0.287\text{kJ/kg} \cdot \text{K} \times 300\text{K}}{1\text{m}^3} = 1,449.9\text{kPa} \fallingdotseq 1,450\text{kPa}$$

정답 1,450kPa

4.11

피스톤 - 실린더 장치에 600kPa, 290K의 공기가 0.01m^{3}이 들어 있다. 정압 과정으로 54kJ의 출력일을 하였을 때, (a) 공기의 최종 체적과 (b) 온도를 구하시오.

TIP

- 공기는 이상기체로 가정, $R_{air} = 0.287\text{kJ/kg} \cdot \text{K}$
- 정압과정에서의 일 : $_1W_2 = P(V_2 - V_1)$
- 과정 전후의 실린더 내 질량은 일정

풀이

(a) 공기의 최종체적

$$_1W_2 = \int_1^2 PdV = P(V_2 - V_1) = 600 \times 10^3 \text{Pa} \times (V_2 - 0.01)\text{m}^3 = 54 \times 10^3 \text{J}$$

$$\rightarrow \quad V_2 = 0.1\text{m}^3$$

(b) 최종온도

$$m_1 = m_2 = \frac{P_1 V_1}{R T_1} = \frac{600\text{kPa} \times 0.01\text{m}^3}{0.287\text{kJ/kg} \cdot \text{K} \times 290\text{K}} = 0.0721\text{kg}$$

$$P_2 = P_1 = 600\text{kPa}$$

$$T_2 = \frac{P_2 V_2}{mR} = \frac{600\text{kPa} \times 0.1\text{m}^3}{0.0721\text{kg} \times 0.287\text{kJ/kg} \cdot \text{K}} = 2899.6\text{K}$$

혹은, $\dfrac{P_1 V_1}{R T_1} = \dfrac{P_2 V_2}{R T_2}$ 에서,

$P_1 = P_2$ 이므로

$$\rightarrow \quad T_2 = T_1 \frac{V_2}{V_1} = 290 \times \frac{0.1}{0.01} = 2,900\text{K}$$

정답 (a) 0.1m^3

(b) $2,900\text{K}$

압력이 체적에 정비례하는 폴리트로픽 과정($n=-1$)을 생각한다. 이 과정은 $P=0$, $V=0$에서 시작하여 $P=600\text{kPa}$, $V=0.01\text{m}^3$ 상태로 끝난다고 할 때 이 과정에서의 경계일을 구하시오.

TIP

- 폴리트로픽 과정 : $PV^n = \text{const}$
- 폴리트로픽 과정에서의 이동경계일은 식 (4.130)을 적용한다.

풀이

$$PV^{-1} = \text{const} \quad \rightarrow \quad P = CV$$

$$C = P_1 V_1^{-1} = P_2 V_2^{-1}$$

$${}_1W_2 = \int_1^2 PdV = \int_1^2 CVdV = \frac{C}{2}(V_2^2 - V_1^2) = \frac{PV^{-1}}{2}(V_2^2 - V_1^2)$$

$$= \frac{1}{2}(P_2 V_2 - P_1 V_1)$$

$$= \frac{1}{2}(600\text{kPa} \times 0.01\text{m}^3 - 0) = 3\text{kJ}$$

정답 3kJ

4.15

어떤 가스가 80kcal의 열을 흡수하고 외부로부터 2,000N·m의 일을 공급받을 때 내부 에너지의 증가량을 kcal로 구하시오.

TIP

- 일의 열당량 : $1kJ = 0.24kcal$
- 고정 시스템에서의 열역학 제1법칙 : $_1Q_2 - _1W_2 = \Delta U$
- 시스템이 일을 공급 받으면 (−)의 일

풀이

$_1Q_2 = 80kcal$

$_1W_2 = -2,000N \cdot m = -2kJ \times \dfrac{0.24kcal}{1kJ} = -0.48kcal$

$_1Q_2 - _1W_2 = \Delta U \;\rightarrow\; \Delta U = _1Q_2 - _1W_2 = 80 - (-0.48) = 80.48kcal$

정답 80.48kcal

피스톤-실린더 장치에 300K, 150kPa인 공기가 0.01m^3 들어있다. 공기는 최종 압력이 600kPa이 될 때까지 $PV^{1.25}=C$의 과정으로 압축된다. (a) 공기가 한 일과 (b) 열전달량을 구하시오.

TIP

- 폴리트로픽 과정에서의 일 : 식 (4.130) 활용
- 열역학 제1법칙 식 (4.37)을 활용하여 열전달량 계산
- 공기의 정적비열은 $C_v=0.7175\text{kJ/kg·K}$

풀이

(a) 먼저 최종체적을 구하면

$P_1V_1^{1.25}=P_2V_2^{1.25}$으로부터

$$\rightarrow\ V_2=\left(\frac{P_1}{P_2}V_1^{1.25}\right)^{1/1.25}=\left(\frac{150}{600}\times0.01^{1.25}\right)^{1/1.25}=0.0033\text{m}^3$$

따라서 과정 중의 일은

$$_1W_2=\int_1^2 PdV=\int_1^2\frac{CdV}{V^{1.25}}$$

$$=\frac{P_2V_2-P_1V_1}{1-1.25}=\frac{600\times0.0033-150\times0.01}{-0.25}=-1.92\text{kJ}$$

(−)의 일은 시스템이 일을 받음(압축일)을 의미한다.

(b) 피스톤 내의 공기의 질량은

$$m=\frac{P_1V_1}{RT_1}=\frac{150\times0.01}{0.287\times300}=0.0174\text{kg}$$

실린더 내 질량은 일정($m_1=m_2$)이므로

$$\rightarrow\ \frac{P_1V_1}{T_1}=\frac{P_2V_2}{T_2}$$

따라서 최종온도는

$$T_2=T_1\frac{P_2}{P_1}\frac{V_2}{V_1}=300\text{K}\times\frac{600}{150}\times\frac{0.0033}{0.01}=396\text{K}$$

열역학 제1법칙

$Q-W=\Delta U=mC_v(T_2-T_1)$으로부터

$Q=W+mC_v(T_2-T_1)=-1.92+0.0174\times0.7175\times(396-300)=-0.72\text{kJ}$

(−)열은 시스템으로부터 주위로 열이 전달(방열)되었음을 의미한다.

정답 (a) -1.92kJ, (b) -0.72kJ

4.19

압력이 200kPa, 온도가 27℃, 10m × 6m × 5m인 실내에 있는 공기의 질량은 몇 kg 인가? 단, 공기의 기체상수 $R = 0.287\,\mathrm{kJ/kg \cdot K}$ 이다.

TIP

- 공기는 이상기체로 가정할 수 있다.
- 공기의 기체상수는 $R = 0.287\,\mathrm{kJ/kg \cdot K}$

 풀이

식 (4.28)의 이상기체방정식 $PV = mRT$ 로부터

$$m = \frac{PV}{RT} = \frac{200\mathrm{kPa} \times (10 \times 6 \times 5)\mathrm{m}^3}{0.287\mathrm{kJ/kg \cdot K} \times (27 + 273)\mathrm{K}}$$

$$= 696.9\mathrm{kg}$$

정답 696.9kg

4.21

자동차 엔진이 1,500K에서 5kg의 연료를 연소시키고(Q_H의 열을 가하는 것과 같은 효과), 평균 온도 750K로 방열기와 배기로 에너지를 방출한다. 연료가 40,000kJ/kg의 에너지를 공급한다면, 엔진이 생산할 수 있는 최대 일을 구하시오.

TIP

- 엔진에서의 연소는 고온의 열저장조로부터의 열기관으로의 열공급으로, 엔진에서의 방열 및 배기는 저온 열저장조로의 열방출로 대체할 수 있다.
- 열기관의 열효율은 식 (4.59)를 적용한다.
- 엔진이 최대로 생산할 수 있는 일은 이상적인 열기관인 카르노 열기관에서 발생하는 일과 동일하다.

풀이

연료의 연소에 의한 열공급량은

$$Q_H = m_{\text{fuel}} q_{\text{fuel}} = 5\text{kg} \times 40,000\text{kJ/kg} = 200,000\text{kJ}$$

카르노 열기관의 효율로부터

$$\eta_{\text{th}} = \frac{W_{\text{out}}}{Q_H} = 1 - \frac{T_L}{T_H} = 1 - \frac{750\text{K}}{1,500\text{K}} = 0.5$$

따라서 최대로 생산할 수 있는 일은

$$W_{\text{out}} = 0.5 \times Q_H = 0.5 \times 200,000 = 100,000\text{kJ}$$

정답 100,000kJ

4.23

표면수와 심해수의 온도차를 이용하여 동력을 생산할 수 있다. 표면 근처에서 해양의 온도가 20℃이며, 어느 정도 깊이에서 5℃인 해역 부근에서 운전할 열기관을 건설할 것을 제안하였다. 이 열기관의 가능한 열효율은 얼마인가?

TIP

• 가장 열효율이 높은 이상적인 열기관은 카르노 열기관이다.
• 카르노 열기관의 효율 : 식 (4.66)을 적용한다.

 풀이

$$\eta_{th} = 1 - \frac{T_L}{T_H}$$

$$= 1 - \frac{5+273}{20+273} = 0.051$$

정답 0.051

4.25

열펌프를 이용하여 주택 난방을 하고자 한다. 실내는 항상 20℃로 유지되어야 한다. 외기 온도가 -10℃로 떨어질 때 외부로 손실되는 열량이 25kW라 한다. 열펌프를 구동하는 데 소요되는 최소 전력은 얼마인가?

TIP

- 가장 성능이 높은 이상적인 열펌프는 카르노 열펌프로 최소의 일을 소요한다.
- 열펌프의 성능계수 : 식 (4.61)을 활용한다.
- 카르노 열펌프의 성능은 고온부와 저온부의 온도로 계산한다.
- 외부로의 손실열량은 곧 열펌프로 공급하여야 할 열량이다.

풀이

열펌프(카르노 열펌프)의 성능계수로부터

$$COP_{HP} = \frac{Q_H}{W} = \frac{Q_H}{Q_H - Q_L} = \frac{1}{1 - \dfrac{Q_L}{Q_H}}$$

$$(COP_{HP})_{carnot} = \frac{Q_H}{W} = \frac{1}{1 - \dfrac{T_L}{T_H}} = 1 - \frac{1}{1 - \dfrac{(-10+273)}{(20+273)}} = 9.77$$

따라서 펌프구동에 소요되는 최소전력은

$$W = \frac{Q_H}{COP_{HP}} = \frac{25\text{kW}}{9.77} = 2.56\text{kW}$$

정답 2.56kW

4.27

그림과 같은 열기관에서 기체는 1,000K의 에너지 저장조로부터 325kJ의 열량을 받는다. 400K의 에너지 저장조로 125kJ열량을 방출하며 출력으로 200kJ의 일을 생산한다. 이 사이클은 가역, 비가역, 아니면 불가능한가?

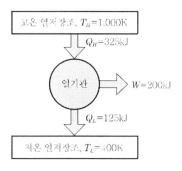

TIP

가능·불가능 열기관의 판단은 열기관의 효율과 카르노 열기관의 효율을 비교

$\eta_{HE} < \eta_C$: 가능 사이클

$\eta_{HE} > \eta_C$: 불가능 사이클

풀이

카르노 사이클 효율 $\eta_C = 1 - \dfrac{T_L}{T_H} = 1 - \dfrac{400}{1,000} = 0.6$

열기관의 효율 $\eta_{HE} = \dfrac{W_{\text{out}}}{Q_H} = \dfrac{200}{325} = 0.615$

$\eta_{HE} > \eta_C$ 이므로 불가능 열기관

정답 효율이 카르노 사이클보다 높으므로 불가능

4.29

자동차 엔진이 열효율 35%로 가동된다. 냉방기의 성능계수가 3이라고 가정하고 엔진의 축일로 구동된다고 한다. 실내로부터 1kJ의 열을 제거하기 위하여 얼마만큼의 연료 에너지를 추가로 소비하여야 하는가?

TIP

- 열기관의 열효율 : $\eta_{th} = \dfrac{W_{out}}{Q_H}$

- 냉동기의 성적계수 : $COP_R = \dfrac{Q_L}{W_{in}}$

- 자동차 엔진에서 발생한 일(축일)을 사용하여 냉방기의 일(입력일)로 사용

풀이

1kJ의 열을 제거하기 위한 냉동기의 소요일은 냉동기의 성능계수로부터

$$W_{in} = \frac{Q_L}{COP_R} = \frac{1\text{kJ}}{3} = \frac{1}{3}\text{kJ}$$

$(W_{in})_R = (W_{out})_{HE}$ 이므로

열기관의 열효율 식으로부터

$$\eta_{th} = \frac{W_{out}}{Q_H} = \frac{1/3}{Q_H} = 0.35$$

$$\rightarrow Q_H = \frac{1/3\text{kJ}}{0.35} = 0.952\text{kJ}$$

정답 0.952kJ

4.31

16m/s로 달리던 1,000kg의 자동차가 브레이크를 걸어 정지하였다. 자동차의 운동에너지가 모두 열에너지로 변환되었다고 할 경우 발생한 열량은?

TIP

- 운동에너지 : $KE = \dfrac{1}{2} m V^2$

- $kg \cdot m^2/s^2 = J$

풀이

$$KE = \frac{1}{2} m V^2 = \frac{1}{2} \times 1{,}000 \text{kg} \times (16 \text{m/s})^2$$
$$= 128{,}000 \text{J} = 128 \text{kJ}$$

정답 128kJ

4.33

50g의 물체가 100m 높이의 절벽에서 낙하하여 20m/s의 속력을 갖게 되었다. 공기의 마찰로 인해 손실된 에너지는 얼마인가?

TIP

위치에너지−열손실=운동에너지

- 위치에너지 : $PE = mgh$
- 운동에너지 : $KE = \dfrac{1}{2}m V^2$

풀이

$$mgh - Q_{\text{loss}} = \frac{1}{2}m V^2$$

따라서 과정 중의 열손실은

$$Q_{\text{loss}} = mgh - \frac{1}{2}m V^2 = 0.05 \times 9.81 \times 100 - \frac{1}{2} \times 0.05 \times 20^2$$

$$= 39.05\text{J}$$

정답 39.05J

4.35

압력 0.5MPa이고 온도 150℃의 공기 0.2kg에 압력이 일정한 과정에서 체적이 원래 체적의 2배로 늘어났다. 이때 최종온도, 일, 열전달량을 구하시오.

TIP

• 공기는 이상기체로 가정하여 식 (4.28)을 적용하여 최종온도 계산
  – 공기의 기체상수 $R = 0.287\text{kJ/kg} \cdot \text{K}$
  – 공기의 정적비열 $C_v = 0.7175\text{kJ/kg} \cdot \text{K}$
• 열전달량 계산은 열역학 제1법칙 식 (4.37)을 적용하여 계산

풀이

최종온도

$$PV = mRT \;\rightarrow\; mR = \frac{P_1 V_1}{T_1} = \frac{P_2 V_2}{T_2}, \quad P_1 = P_2$$

$$\rightarrow\; T_2 = T_1 \frac{V_2}{V_1} = 2T_1 = 2 \times (150 + 273) = 846\text{K}$$

과정 중의 일

$$_1W_2 = \int_1^2 PdV = P(V_2 - V_1) = mR(T_2 - T_1)$$

$$= 0.2 \times 0.287 \times (846 - 423) = 24.28\text{kJ}$$

열전달량

$$Q - W = \Delta U = mC_v \Delta T \text{ 로부터}$$

$$Q = W + mC_v(T_2 - T_1) = 24.28 + 0.2 \times 0.7175 \times (846 - 423)$$

$$= 84.9\text{kJ}$$

정답 846K, 24.3kJ, 85kJ

4.37

체적이 0.1m³인 용기 안에서 압력 1MPa, 온도 250℃의 공기가 냉각되어 압력이 0.35MPa이 될 때 엔트로피의 변화량을 구하시오.

TIP

- 공기는 이상기체로 가정 식 (4.28)을 적용하여 최종온도를 계산한다.
- 이상기체의 엔트로피변화 : 과정 중 체적이 일정하므로 식 (4.118)을 활용한다.
- 과정 중의 온도변화가 크지 않은 경우에는 일정비열로 계산할 수 있다.
  공기의 정적비열 $C_v = 0.7175$kJ/kg · K

 풀이

용기 안의 공기질량

$$PV = mRT$$

$$\rightarrow m = \frac{PV}{RT} = \frac{1 \times 10^3 \text{kPa} \times 0.1\text{m}^3}{0.287\text{kJ/kg} \cdot \text{K} \times 523\text{K}} = 0.666\text{kg}$$

최종온도

$$PV = mRT \rightarrow mR = \frac{P_1 V_1}{T_1} = \frac{P_2 V_2}{T_2}, \quad V_1 = V_2$$

$$\rightarrow T_2 = T_1 \frac{P_2}{P_1} = (250 + 273)\frac{0.35}{2} = 183\text{K}$$

엔트로피 변화량

$$\Delta s = C_{v0}\ln\frac{T_2}{T_1} + R\ln\frac{V_2}{V_1} = 0.7175 \times \ln\frac{183}{523} + 0.287 \times \ln 1$$

$$= -0.753\text{kJ/kg} \cdot \text{K}$$

$$\Delta S = m\Delta s = 0.666\text{kg} \times (-0.753\text{kJ/kg} \cdot \text{K}) = -0.50\text{kJ/K}$$

정답 -0.50kJ/K

4.39

견고한 용기 안에 온도는 대기 온도이며, 압력은 대기 압력 P_0보다 약간 더 높은 P_1 상태의 기체가 들어 있다. 용기에 부착한 밸브가 열리면서, 기체가 빠져나가 압력이 급격히 대기압까지 떨어졌다. 밸브를 닫은 후, 남아있는 기체는 오랜 시간이 지난 후에 대기 온도로 회복되고 압력은 P_2가 되었다. 비열비 k를 압력의 함수로 결정할 수 있도록 표현식을 유도하시오.

TIP

- 대기압 및 대기온도를 각각 P_0, T_0라 하고 용기 안의 기체가 빠져 나가 대기압까지 짧은 시간 내에 급격하게 압력이 저하되는 과정(과정 $1 : 1 \rightarrow x$)은 단열팽창과정으로 이상적인 등엔트로피 과정으로 해석할 수 있다. 이때 압력변화는 $P_1 \rightarrow P_0$로, 온도변화는 $T_0 \rightarrow T_x$

- 밸브를 닫고 오랜 시간 경과하면서 최초온도인 대기온도로 회복되는 과정(과정 $2 : x \rightarrow 2$)은 체적이 일정하므로 정적과정으로 해석할 수 있다. 이때 압력변화는 $P_0 \rightarrow P_2$, 온도변화는 $T_x \rightarrow T_0$

- 용기 안의 기체는 이상기체로 가정한다.

풀이

과정 $1(1 \rightarrow x)$: 등엔트로피 과정이므로 식 (4.118)로부터

$$s_x - s_1 = 0 = c_{p0}\ln\frac{T_x}{T_1} - R\ln\frac{P_0}{P_1}$$

$$\rightarrow c_{p0}\ln\frac{T_x}{T_1} = R\ln\frac{P_0}{P_1}$$

$$\rightarrow \ln\frac{T_x}{T_1} = \frac{R}{C_{p0}}\ln\frac{P_0}{P_1} = \ln\left(\frac{P_0}{P_1}\right)^{\frac{R}{C_{p0}}} = \ln\left(\frac{P_0}{P_1}\right)^{\frac{k-1}{k}}$$

따라서 과정 중의 온도변화는

$$\frac{T_x}{T_0} = \left(\frac{P_0}{P_1}\right)^{\frac{k-1}{k}} \quad \cdots\cdots\cdots\cdots\cdots\cdots\cdots \text{(1)}$$

과정 $2(x \rightarrow 2)$: 정적과정이므로 이상기체 방정식으로부터

$$\frac{T}{P} = \text{cost}$$

$$\rightarrow \frac{T_x}{P_0} = \frac{T_0}{P_2} \qquad \rightarrow \frac{P_0}{P_2} = \frac{T_x}{T_0}$$

식 (1)을 대입하면

$$\frac{P_0}{P_2} = \frac{T_x}{T_0} = \left(\frac{P_0}{P_1}\right)^{\frac{k-1}{k}}$$

양변에 로그를 취하면

$$\rightarrow \ln\left(\frac{P_0}{P_2}\right) = \frac{k-1}{k}\left(\frac{P_0}{P_1}\right)$$

$$\rightarrow k\ln\left(\frac{P_0}{P_2}\right) = (k-1)\ln\left(\frac{P_0}{P_1}\right)$$

$$\rightarrow k\left[\ln\left(\frac{P_0}{P_2}\right) - \ln\left(\frac{P_0}{P_1}\right)\right] = -\ln\left(\frac{P_0}{P_1}\right)$$

$$\rightarrow k\ln\left(\frac{P_1}{P_2}\right) = \ln\left(\frac{P_1}{P_0}\right)$$

이를 k에 관한 식으로 정리하면

$$k = \frac{\ln(P_1/P_0)}{\ln(P_1/P_2)}$$

정답 $k = \dfrac{\ln(P_1/P_0)}{\ln(P_1/P_2)}$

4.41

그림과 같이 체적 V인 이상기체가 단열된 상태에서 체적 V이고 진공인 다른 용기 속으로 불구속 자유 팽창하여 전체 체적이 $2V$가 되었을 경우 내부에너지와 엔트로피의 증가 여부를 판단하시오.

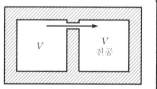

TIP

• 내부에너지 증가여부 판단은 열역학 제1법칙을 이용하여 계산한다.
• 엔트로피 증가여부 판단은 엔트로피 관계식을 적용하여 계산한다.

풀이

용기 전체를 시스템으로 잡으면 열역학 제1법칙으로부터

$$_1Q_2 - _1W_2 = \Delta U \quad \cdots\cdots\cdots\cdots\cdots\cdots\cdots (1)$$

단열되어 있으므로 과정 중의 열전달은 없음 → $_1Q_2 = 0$

자유팽창하여 시스템 내에서는 체적이 증가되었으나 시스템(용기) 자체가 팽창 혹은 압축된 것이 아니므로 외부에 대해 일전달 없음 → $_1W_2 = 0$

따라서 식 (1)로부터

$$\Delta U = 0$$

즉, 시스템의 내부에너지 변화는 없다.

아울러

$$\Delta U = U_2 - U_1 = C_v(T_2 - T_1) = 0$$

$$\rightarrow T_1 = T_2$$

온도변화도 없다.

한편, 엔트로피 관계식으로부터

$$s_2 - s_1 = \int_1^2 c_{v0}\frac{dT}{T} + R\ln\frac{v_2}{v_1} \text{에서}$$

온도변화가 없으므로 우변 첫 항은 0이 되나, 두 번째 항은 체적이 두 배가 되므로

$$s_2 - s_1 = 0 + R\times\ln(2) > 0$$

즉, 엔트로피는 증가한다.

따라서, 자유팽창으로 인한 내부에너지는 변화되지 않으나 엔트로피는 증가한다.

정답 내부에너지 변화없음, 엔트로피 증가

4.43

가상적인 가솔린 기관의 실린더 속에서 연소 직후 기체의 처음 부피는 50cm^3이고 압력은 3MPa이다. 피스톤이 하한점에 도달하였을 경우 부피가 300cm^3이고 실린더 내의 기체는 열에 의한 에너지 손실 없이 팽창한다고 가정하자. 이 과정에서 (a) 이 기체가 $k = 1.4$일 경우 나중 압력은? (b) 이 기체가 팽창하면서 한 일의 양은?

TIP
- 이상적인 가솔린 기관은 오토 사이클로 작동한다.
- 오토 사이클의 압축 및 팽창과정은 각각 등엔트로피 압축 및 등엔트로피 팽창 과정으로 가정하여 계산한다.

풀이

(a) 그림 4.38의 오토 사이클 $P-V$ 선도에서

$$V_3 = 50\text{cm}^3, \quad P_3 = 3\text{MPa} \rightarrow V_4 = 300\text{cm}^3$$

팽창과정은 등엔트로피 과정이므로 $PV^k = \text{const}$

$$\rightarrow P_4 = P_3\left(\frac{V_3}{V_4}\right)^{1.4} = 3\text{MPa} \times \left(\frac{50}{300}\right)^{1.4} = 0.244\text{MPa}$$

(b) 팽창일

$$_3W_4 = \int_3^4 PdV = \frac{P_4V_4 - P_3V_3}{1-k}$$

$$= \frac{(0.244 \times 10^6) \times (300 \times 10^{-3}) - (3 \times 10^6) \times (50 \times 10^{-3})}{1 - 1.4}$$

$$= 192\text{J}$$

정답 (a) 244kPa

(b) 192J

05 유체역학

Chapter >>>

I. 핵심정리

01 유체의 열역학적 성질

(1) 밀도(density) 혹은 비질량(specific mass) : $\rho = \dfrac{m}{V}[\mathrm{kg/m^3}]$

① $\rho_{\mathrm{water}} = 998\mathrm{kg/m^3}@10℃$

② $\rho_{\mathrm{air}} = 1.20\mathrm{kg/m^3}@20℃$, 1기압

(2) 비중량(specific weight) : $\gamma = \rho g[\mathrm{N/m^3}]$

① $\gamma_{\mathrm{water}} = 9{,}790\mathrm{N/m^3}$

② $\gamma_{\mathrm{air}} = 11.87\mathrm{N/m^3}$

(3) 비중(specific gravity)

① $SG_{\mathrm{liquid}} = \dfrac{\rho_{\mathrm{liquid}}}{\rho_{\mathrm{water}}} = \dfrac{\rho_{\mathrm{liquid}}}{998\mathrm{kg/m^3}}$

② $SG_{\mathrm{gas}} = \dfrac{\rho_{\mathrm{gas}}}{\rho_{\mathrm{air}}} = \dfrac{\rho_{\mathrm{gas}}}{1.20\mathrm{kg/m^3}}$

(4) 점성(viscosity)

① 뉴턴의 점성법칙 : $\tau_w = \mu\dfrac{du}{dy}$

② 점성계수(viscosity)

ㄱ $\mu[\mathrm{kg/m \cdot s}]$ 혹은 $[\mathrm{N \cdot s/cm^2}]$

ㄴ $1\mathrm{poise} = 1\mathrm{g/cm \cdot s} = 100\mathrm{cp}$

③ 동점성계수(dynamic viscosity)

ㄱ $\nu = \dfrac{\mu}{\rho}[\mathrm{m^2/s}]$

ㄴ $1\mathrm{stroke} = 1\mathrm{cm^2/s}$

④ 뉴턴유체(Newtonian fluid)

⑤ 비뉴턴유체(non-Newtonian fluid)

(5) 유동의 분류

① 점성유동(viscous flow)과 비점성유동(inviscid flow)

② 층류(lamina flow)와 난류(turbulent flow)

③ 레이놀즈수

$$Re = \frac{\rho VL}{\mu} = \frac{VL}{\nu}$$

㉠ 외부유동(external flow)

- 층류유동 : $Re_L < 5 \times 10^5$
- 천이유동 : $Re_L \sim 5 \times 10^5$
- 난류유동 : $Re_L > 5 \times 10^5$

㉡ 내부유동(internal flow)

- 층류유동 : $Re_d < 2 \times 10^2$
- 천이유동 : $2 \times 10^2 < Re_d < 4 \times 10^3$
- 난류유동 : $Re_d > 4 \times 10^2$

④ 압축성 유동(compressible flow)과 비압축성 유동(in-compressible flow)

⑤ 이상유동(ideal flow) : 비점성, 비압축성 유동

⑥ 정상유동(steady flow)과 비정상유동(unsteady flow)

(6) 표면장력과 모세관 현상

① 표면장력(surface tension)

㉠ 물방울 : $\sigma = \dfrac{\Delta P \cdot d}{4}$

㉡ 원통형 물기둥 : $\sigma = \dfrac{Pd}{2}$

② 모세관현상

액면상승 높이 : $h = \dfrac{4\sigma \cos\beta}{\gamma d}$

(7) 증기압과 공동현상

① 증기압(vapor pressure)

② 공동현상(cavitation)

02 정지상태의 유체

(1) 압력(pressure) : $P = \dfrac{F}{A}$

　① 압력의 단위

　　㉠ $1\text{bar} = 10^5\text{Pa} = 0.1\text{MPa} = 100\text{kPa}$

　　㉡ $1\text{atm} = 101,325\text{Pa} = 101.325\text{kPa} = 1.01325\text{bars}$

　　㉢ $1\text{kg}_\text{f}/\text{cm}^2 = 9.807\text{N}/\text{cm}^2 = 9.807 \times 10^4\text{N}/\text{m}^2 = 9.807 \times 10^4\text{Pa}$

　② 파스칼의 원리(principal of Pascal)

　③ 수직방향으로의 압력변화 : $P = \gamma h$

(2) 압력의 측정

　① 대기압, 절대압력, 계기압력, 진공압력

　　$P_\text{abs} = P_\text{atm} \pm P_\text{gage}$

　② 기압계(barometer) : $P_\text{atm} = \gamma h + P_\text{vapor} \simeq \gamma h$

　③ 액주계(manometer) : $P_A - P_0 = \gamma_2 h_2 - \gamma_1 h_1$

(3) 유체 속에 잠겨있는 표면에 작용하는 힘

　① 수평면에 작용하는 힘 : $F = PA = \gamma h A$

　② 수직면에 작용하는 힘 : $F = \dfrac{1}{2}\gamma b(h_2^2 - h_1^2)$

　③ 경사면에 작용하는 힘

　　㉠ 작용력 : $F = \gamma A \bar{y} \sin\alpha = \gamma \bar{h} A$

　　㉡ 작용점 : $y_F = \dfrac{I_x}{\bar{y}A} = \bar{y} + \dfrac{I_G}{\bar{y}A}$

　④ 곡면에 작용하는 힘

　　㉠ $F_H = F_2, \ F_V = F_1 + W$

　　㉡ 합력 : $F_R = \sqrt{F_H^2 + F_V^2}$

03 부력 및 부양체의 안정

(1) 아르키메데스의 원리(Archimedes's principal)

(2) 부력

　① $F_B = \gamma V$

② 부력중심 : $\bar{x} = \dfrac{1}{V} \displaystyle\int x\,dV$

(3) 복원모멘트(restoring moment)

04 강체처럼 운동하는 유체 내의 압력변화

(1) 수평방향 가속도 운동의 유체

   ① 수직방향 압력변화 : $P = \gamma h$

   ② 수평방향 압력변화

      ㉠ $\dfrac{P_1 - P_2}{\gamma l} = \dfrac{a_x}{g}$

      ㉡ 자유표면의 기울기 : $\tan\theta = \dfrac{a_x}{g}$

(2) 수직방향 가속도 운동의 유체

   수직방향 압력변화 : $P_2 - P_1 = \gamma h\left(1 + \dfrac{a_y}{g}\right)$

(3) 등가속도 회전유체

   ① 반경방향 압력변화 : $\dfrac{P}{\gamma} = \dfrac{r^2\omega^2}{2g}$

   ② 유체의 상승높이 : $h_0 = \dfrac{r_0^2\omega^2}{2g}$

05 유량과 연속방정식

(1) 질량유량(mass flowrate) : $\dot{m} = \rho_1 A_1 V_1 = \rho_2 A_2 V_2$

(2) 체적유량(volume flowrate) : $Q = A_1 V_1 = A_2 V_2$

(3) 두 개 이상의 유·출입구를 갖는 정상유동의 연속방정식 : $\sum \dot{m}_{\text{in}} = \sum \dot{m}_{\text{out}}$

06 오일러의 운동방정식

(1) 유동장의 가시화(flow visualization)

   ① 유선(streamline)

   ② 유맥선(streak line)

③ 유적선(pathline)

(2) 오일러의 운동방정식

$$\frac{dP}{\gamma}+\frac{V}{g}dV+dz=0$$

07 베르누이 방정식

(1) $\dfrac{P}{\gamma}+\dfrac{V^2}{2g}+z=\text{const}$

　　① 압력수두(pressure head)

　　② 속도수두(velocity head)

　　③ 위치수두(potential head)

　　④ 전수두(total head)

　　⑤ 에너지선(energy line ; EL)

　　⑥ 수력구배선(hydraulic grade line ; HGL)

(2) 압력항으로 나타낸 베르누이 방정식

　　① $P+\dfrac{1}{2}\rho V^2+\gamma z=\text{const}$

　　② 정압(static pressure)

　　③ 동압(dynamic pressure)

　　④ 위치압(potential pressure)

　　⑤ 전압(total pressure)

(3) 수정베르누이 방정식

$$\frac{P_1}{\gamma}+\frac{V_1^2}{2g}+z_1=\frac{P_2}{\gamma}+\frac{V_2^2}{2g}+z_2+h_L$$

08 베르누이 방정식의 응용

(1) 토리첼리의 정리 : $V=\sqrt{2gh}$

(2) 피토정압관(Pitot static tube) : $V_1=\sqrt{2gh}$

(3) 벤투리 유량계(Venturi flowmeter)

$$Q = \frac{A_2}{\sqrt{1-\left(\dfrac{A_2}{A_1}\right)}} \sqrt{2g\frac{P_1-P_2}{\gamma}} = A_2 \sqrt{\frac{2gh\left(\dfrac{\gamma_s}{\gamma}-1\right)}{1-\left(\dfrac{D_2}{D_1}\right)^4}}$$

09 물체 주위의 유동

(1) 항력(drag)

  ① 마찰항력(friction drag)

  ② 압력항력(pressure drag)

(2) 경계층(boundary layer)

  ① 층류경계층

  ② 난류경계층

(3) 유동의 박리(flow separation)

(4) 역류(reverse flow)

(5) 후류(wake flow)

II. 연습문제

5.1

실린더에 어떤 액체를 500mL만큼 붓고 무게를 측정하니 8N이었다. 이 액체의 비중량과 밀도, 비중을 계산하시오.

TIP

- 중량 = 비중량×체적
- 비중량 = 밀도×중력가속도
- 액체의 비중 = 액체의 밀도/물의 밀도

풀이

(a) $W = \gamma V$

$$\rightarrow \gamma = \frac{W}{V} = \frac{8\text{N}}{500 \times 10^{-3} \times 10^{-3}\text{m}^3} = 16{,}000\text{N/m}^3 = 16\text{kN/m}^3$$

(b) $\gamma = \rho g$

$$\rightarrow \rho = \frac{\gamma}{g} = \frac{16{,}000\text{N/m}^3}{9.81\text{m/s}^2} = 1{,}630.9\text{kg/m}^3$$

(c) $SG = \frac{\rho}{\rho_w} = \frac{1{,}630.9\text{kg/m}^3}{1{,}000\text{kg/m}^3} = 1.63$

정답

(a) $\gamma = 16\text{N/m}^3$

(b) $\rho = 1.63 \times 10^3 \text{kg/m}^3$

(c) $SG = 1.63$

5.3

어떤 유체의 점성계수가 5×10^{-4}poise이다. 이 점성계수를 SI 단위로 구하시오.

TIP

$1\,\mathrm{poise} = 1\mathrm{g/cm \cdot s}$

풀이

$$\mu = 5 \times 10^{-4}[\mathrm{poise}]\left[\frac{1}{1\mathrm{poise}}\right]\left[\frac{1\mathrm{g}}{\mathrm{cm \cdot s}}\right]\left[\frac{1\mathrm{kg}}{1{,}000\mathrm{g}}\right]\left[\frac{100\mathrm{cm}}{1\mathrm{m}}\right]$$

$$= 5 \times 10^{-5}\frac{\mathrm{kg}}{\mathrm{m \cdot s}}$$

$$= 5 \times 10^{-5}\frac{\mathrm{N \cdot s}}{\mathrm{m}^{2}}$$

정답 $\mu = 5 \times 10^{-5}\mathrm{N \cdot s/m}^{2}$

5.5

폭이 50mm이고 길이가 200mm인 평평한 슬라이드 밸브가 평판 위를 20m/s의 속도로 움직이고 있다. 밸브와 평판 사이에는 기름으로 채워져 있고 간극이 1mm이라면 밸브에 미치는 힘은 얼마인가? 기름의 점성계수는 0.06kg/m · s이다.

TIP

- 간극이 작은 평판 사이의 유체 유동은 뉴턴의 점성법칙 식 (5.5)를 적용 가능하다.
- 전단력 = 전단응력×작용면적

 풀이

식 (5.5)로부터

$$\tau_w = \mu \frac{V}{h}$$

$$\rightarrow F = \tau_w A = 0.06 \frac{\text{kg}}{\text{m} \cdot \text{s}} \times (0.2\text{m} \times 0.05\text{m}) \times \frac{20\text{m/s}}{0.001\text{m}}$$

$$= 12\text{N}$$

정답 $F = 12\text{N}$

어떤 유체가 지름 25mm인 파이프 내를 4m/s의 속도로 흐른다. 이 유체가 다음과 같을 때, 이 유동은 층류, 천이유동 또는 난류 중 어느 것에 해당하는가?

(a) 기름 : $\rho = 900\text{kg/m}^3$, $\mu = 0.1\text{kg/m} \cdot \text{s}$

(b) 수증기 : $\rho = 2.5\text{kg/m}^3$, $\mu = 1.2 \times 10^{-5}\text{kg/m} \cdot \text{s}$

(c) 황산 : $\rho = 1,800\text{kg/m}^3$, $\mu = 0.05\text{kg/m} \cdot \text{s}$

TIP

유동의 분류 : 레이놀즈수 $\left(Re_d = \dfrac{\rho Vd}{\mu} \right)$ 에 의거한다.

- 층류유동 : $Re_d < 2 \times 10^2$
- 천이유동 : $2 \times 10^2 < Re_d < 4 \times 10^3$
- 난류유동 : $Re_d > 4 \times 10^2$

풀이

(a) 기름 : $Re_d = \dfrac{\rho Vd}{\mu} = \dfrac{900 \times 4 \times 0.025}{0.1} = 900 \;\rightarrow\;$ 층류

(b) 수증기 : $Re_d = \dfrac{\rho Vd}{\mu} = \dfrac{2.5 \times 4 \times 0.025}{1.2 \times 10^{-5}} = 20,833 \;\rightarrow\;$ 난류

(c) 황산 : $Re_d = \dfrac{\rho Vd}{\mu} = \dfrac{1,800 \times 4 \times 0.025}{0.05} = 3,600 \;\rightarrow\;$ 천이

정답 (a) $Re_d = 900$, 층류유동

(b) $Re_d = 20,833$, 난류유동

(c) $Re_d = 3,600$, 천이유동

5.9

비중 0.9, 점성계수 0.25poise인 기름이 직경 0.5m인 파이프 속을 흐르고 있다. 유량이 0.2m³/s라 하면 파이프 내 흐름의 유동형태는 어떠한가?

TIP

- 먼저 poise로 표현된 점성계수를 SI 단위로 변환한다.
- 체적 유량에 대한 식 (5.39)를 사용하여 파이프 내 유속을 계산한 후 레이놀즈 수$\left(Re_d = \dfrac{\rho Vd}{\mu}\right)$에 의거 유동형태를 분류한다.

풀이

점성계수

$$\mu = 0.25\mathrm{poise} = 0.25\left(\frac{\mathrm{g}}{\mathrm{cm \cdot s}}\right)\left(\frac{1\mathrm{kg}}{1{,}000\mathrm{g}}\right)\left(\frac{100\mathrm{cm}}{1\mathrm{m}}\right) = 0.025\,\frac{\mathrm{kg}}{\mathrm{m \cdot s}}$$

파이프 내 유속

$Q = AV$로부터

$$\rightarrow \ V = \frac{Q}{A} = \frac{0.2\mathrm{m}^3/\mathrm{s}}{\dfrac{\pi}{4}0.5^2\mathrm{m}^2} = 1.02\mathrm{m/s}$$

레이놀즈수

$$Re_d = \frac{\rho Vd}{\mu} = \frac{(0.9 \times 1{,}000) \times 1.02 \times 0.5}{0.025} = 18{,}335$$

$\rightarrow$ 난류유동

정답 $Re_d = 1.84 \times 10^4$, 난류유동

5.11

끝이 개방되어 있는 유리관을 물이 담긴 용기에 넣었다. 유리관 속의 물 높이가 표면장력에 의해 유리관의 직경만큼 올라가려면 직경이 얼마나 되어야 하겠는가?

TIP

- 모세관 현상에 의한 액면 상승은 식 (5.13)을 적용한다.
- 물의 표면장력 $\sigma_{\text{water}} = 0.073\text{N/m}$
- 물의 접촉각 $\beta_{\text{water}} = 0\,°$

 풀이

식 (5.13)으로부터 액면상승 높이는

$$h = \frac{4\sigma\cos\beta}{\gamma d} = d$$

$$\rightarrow d^2 = \frac{4\sigma\cos\beta}{\gamma}$$

따라서,

$$d = \sqrt{\frac{4 \times 0.073 \times \cos0°}{1{,}000 \times 9.81}} = 0.00545\text{m}$$

$$= 5.45\text{mm}$$

정답 5.45mm

5.13

바닷물 속 40m까지 잠수한 스쿠버다이버가 받는 압력을 Pa 단위로 구하시오.

TIP

- 정지유체의 압력변화 : 식 (5.18) 적용
- 해수의 밀도 $\rho_{sw} = 1,030 \text{kg/m}^3$
- 비중량 $\gamma = \rho g$

 풀이

식 (5.18)로부터

$$P = \gamma_{sw} h = \rho_{sw} g h = 1,030 \times 9.81 \times 40 = 4.04 \times 10^5 \text{Pa}$$
$$= 404 \text{kPa}$$

정답 $P = 404 \text{kPa}$

5.15

직경 0.3m인 파이프가 직경 0.02m인 파이프와 연결되어 단단히 고정되어 있다. 두 파이프는 수평으로 놓여 있으며, 각 파이프의 끝에는 피스톤이 끼워져 있고, 그 사이의 공간은 물로 채워져 있다. 작은 피스톤에 90N의 힘을 가할 때, 평형을 이루기 위해 큰 피스톤에 얼마의 힘을 가해야 하는가? 단, 마찰은 무시한다.

TIP
파스칼의 원리 식 (5.15)를 적용한다.

풀이

식 (5.15)로부터

$$P_1 = \frac{F_1}{A_1} = P_2 = \frac{F_2}{A_2} \text{로부터}$$

$$\rightarrow F_1 = F_2 \frac{A_1}{A_2}$$

$$= 90\text{N} \frac{\frac{\pi}{4} \times 0.3^2}{\frac{\pi}{4} \times 0.02^2} = 20,250\text{N}$$

$$= 20.25\text{kN}$$

정답 $F = 20.25\text{kN}$

5.17

기압계의 눈금이 755mmHg인 곳에서 탱크에 연결된 진공계기가 30kPa을 가리키고 있다. 탱크 내부의 절대압력을 계산하시오. 수은의 밀도는 13,590kg/m³이다.

TIP

- 1기압＝101.3kPa＝760mmHg의 관계를 이용하여 SI 단위계의 압력단위로 환산한다.
- 계기압과 절대압력의 관계 : 식 (5.19)를 적용한다.

 풀이

먼저 755mmHg를 SI 단위로 환산하면

$$755\mathrm{mmHg}\left(\frac{101.3\mathrm{kPa}}{760\mathrm{mmHg}}\right)=100.6\mathrm{kPa}$$

계기압력이 진공압력이므로
절대압력은 식 (5.19)로부터

$$P_{\mathrm{abs}} = P_{\mathrm{atm}} - P_{\mathrm{vacuum}}$$
$$= 100.6\mathrm{kPa} - 30\mathrm{kPa} = 70.6\mathrm{kPa}$$

정답 $P = 70.6\mathrm{kPa}$

5.19

혈압은 보통 사람의 팔 윗부분에 압력계가 달린 밀폐된 공기 충전 재킷을 감아서 측정한다. 수은 액주식 압력계나 청진기(stethoscope)를 이용하여 최고압력(systolic pressure, 심장이 펌핑될 때의 최대압력)과 최저압력(diastolic pressure, 심장이 이완될 때 최소압력)이 mmHg로 측정된다. 건강한 사람의 혈압은 각각 120mmHg와 70mmHg이다. 이 압력들을 Pa로 표시하면 각각 얼마가 되겠는가?

TIP

1기압＝101.3kPa＝760mmHg의 관계를 이용하여 SI 단위로 환산한다.

풀이

(a) 최고압력 : $P = 120 \mathrm{mmHg} \left(\dfrac{101.3\mathrm{kPa}}{760\mathrm{mmHg}} \right) = 15.99\mathrm{kPa}$

(b) 최저압력 : $P = 70 \mathrm{mmHg} \left(\dfrac{101.3\mathrm{kPa}}{760\mathrm{mmHg}} \right) = 9.33\mathrm{kPa}$

정답 $P = 15.99\mathrm{kPa}, \quad P = 9.33\mathrm{kPa}$

5.21

풀장에 완전히 잠겨 수직으로 서 있는 키 1.8m인 남자의 머리와 발끝에서의 압력차를 구하시오.

- 정지유체의 압력변화 : 식 (5.18) 활용
- 물의 밀도 $\rho_w = 1,000 \mathrm{kg/m}^3$

식 (5.18)로부터

$$\Delta P = \rho g h = 1,000 \frac{\mathrm{kg}}{\mathrm{m}^3} \times 9.81 \frac{\mathrm{m}}{\mathrm{s}^2} \times 1.8 \mathrm{m}$$

$$= 17.7 \times 10^3 \mathrm{Pa}$$

$$= 17.7 \mathrm{kPa}$$

정답 $\Delta P = 17.7 \mathrm{kPa}$

5.23

밀도가 850kg/m^3인 오일을 사용하는 액주식 압력계가 공기를 채운 탱크에 부착되어 있다. 두 액주의 유면 높이 차이가 45cm이고, 대기압이 98kPa이라면 탱크 내의 공기의 절대압력은 얼마인가?

TIP
- 액주계에 의한 압력측정은 식 (5.21)을 적용한다.
- 절대압력과 계기압력의 식 (5.19)를 적용한다.

풀이

식 (5.21)로부터

$$P_{\text{air}} - \gamma_{\text{oil}}h = P_{\text{atm}}$$

$$\rightarrow P_{\text{air}} = P_{\text{atm}} + \gamma_{\text{oil}}h = P_{\text{atm}} + \rho_{\text{oil}}gh$$

$$= 98 \times 10^3 \text{Pa} + 850 \frac{\text{kg}}{\text{m}^3} \times 9.81 \frac{\text{m}}{\text{s}^2} \times 0.45\text{m}$$

$$= 101.75 \times 10^3 \text{Pa}$$

$$= 101.75\text{kPa}$$

정답 $P = 101.75\text{kPa}$

5.25

그림과 같이 물로 채워진 탱크에 연결된 직사각형 수로가 있다. 수로의 끝에는 폭 3m, 높이 8m의 수문이 설치되어 있다. 수문 밑면은 경첩으로 연결되어 있으며 수문 중간에 작용하는 수평력 F_H에 의해 고정된다. F_H의 최대값은 3,500N이라면 수문이 열리지 않는 범위에서 수문의 중심으로부터의 최대 수위 h를 구하시오.

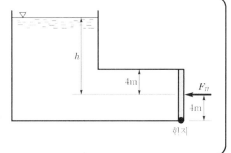

TIP

- 유체 속에 잠겨있는 물체에 작용하는 힘은 식 (5.25)를 적용하여 계산한다.
- 힘의 작용점은 도심보다 아래쪽에 작용하며, 식 (5.27)를 적용하여 계산한다.

풀이

평판에 작용하는 힘은 식 (5.25)로부터

$$F_R = \gamma h_c A = 9.50\text{kN/m}^3 \times \text{h} \times (3\text{m} \times 8\text{m})$$
$$= 9.80 \times 24h \, [\text{kN}]$$

수문이 열리지 않으려면 힌지에 대한 모멘트의 합이 영이 되어야 하므로

힌지로부터 압력의 작용점까지의 거리를 l이라 하면

$$\sum M_h = 0 : 4\text{m} \times F_H = l \times F_R \quad \cdots\cdots\cdots\cdots\cdots\cdots\cdots (1)$$

압력의 작용점은 식 (5.27)로부터

$$y_R = \frac{I_{xc}}{y_c A} + y_c = \frac{\frac{1}{12}(3)(8)^3}{h(3 \times 8)} + h = \frac{5.33}{h} + h$$

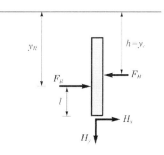

따라서, 힌지로부터 압력의 작용점까지의 거리

$$l = h + 4 - y_R = h + 4 - \left(\frac{5.33}{h} + h\right) = 4 - \frac{5.33}{h} \quad \cdots\cdots (2)$$

식 (2)를 식 (1)에 대입하면 최대수위 h를 다음과 같이 구할 수 있다.

$$4\text{m} \times 3,500\text{kN} = \left(4 - \frac{5.33}{h}\right) \times (9.80 \times 24) \times h \;\rightarrow\; h = 16.2\text{m}$$

정답 $h = 16.2\text{m}$

그림과 같이 물이 저장된 탱크의 수직벽 중간에 반구 형태로 튀어 나온 부분이 있다. 물에 의해 돌기된 부분에 작용하는 힘의 수직성분과 수평성분을 구하시오.

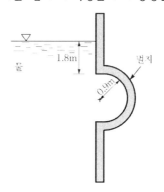

TIP

- 곡면에 작용하는 유체에 의한 힘 : 수직성분과 수평성분으로 나누어 계산한다.
- 물의 비중량 : $\gamma_w = 9.8\text{kN/m}^3$

풀이

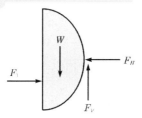

곡면 내에 있는 유체의 중량 : $W = \gamma_w V = 9.8\dfrac{\text{kN}}{\text{m}^3} \times \dfrac{\pi}{2}(0.9\text{m})^2 \times (0.3\text{m}) = 3.74\text{kN}$

유체에 의한 수평방향의 힘(압력)

$F_1 = \gamma_w h_t A = 9.8\text{kN/m}^3 \times (1.8 + 0.9)\text{m} \times (1.8 \times 0.3)\text{m}^2 = 14.3\text{kN}$

$\sum F_x = 0 \; ; \; F_H = F_1 = 3.74\text{kN}$

$\sum F_y = 0 \; ; \; F_V = W = 14.3\text{kN}$

정답 $F_V = 14.3\text{kN}, \; F_H = 3.74\text{kN}$

5.29

금의 비중은 19.3이다. 이 금의 공기 중에서의 중량이 40N이라면 물속에서의 중량은 얼마가 되겠는가?

TIP

- Archimedes의 원리 식 (5.30)을 적용한다.
- 물속에 잠겨있는 물체는 부력만큼 가벼워진다.

풀이

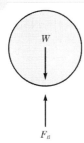

공기 중에서의 금의 중량 : $W_{\text{gold@air}} = SG_{\text{gold}}\gamma_w V_{\text{gold}}$

물속에서의 부력 : $F_B = \gamma_w V_{\text{gold}}$

따라서, 물속에서의 금의 중량

$$W_{\text{gold@water}} = W_{\text{gold@air}} - F_B = SG_{\text{gold}}\gamma_w V_{\text{gold}} - \gamma_w V_{\text{gold}}$$

$$= \gamma_w \left(SG_{\text{gold}} - 1\right) V_{\text{gold}} = \left(\frac{SG_{\text{gold}} - 1}{SG_{\text{gold}}}\right) SG_{\text{gold}}\gamma_w V_{\text{gold}}$$

$$= \frac{18.3}{19.3} \times 40\text{N} = 37.93\text{N}$$

정답 37.93N

질량이 40,000kg인 7.5m(가로)×3m(세로)×4m(높이)의 상자를 해수에 띄웠을 때 수면 밑으로 몇 m 가라앉겠는가?

TIP

• 물에 일부만 잠겨있는 물체 : 물체의 잠겨있는 부분에 의한 부력발생

• 해수의 밀도 : $\rho_{sw} = 1,030\text{kg/m}^3$

 풀이

$$m_b = \rho_b V = \rho_b \times (7.5 \times 3 \times 4) = 40,000\text{kg}$$

$$\rightarrow \quad \rho_b = \frac{40,000}{7.5 \times 3 \times 4} = 444.4\text{kg/m}^3$$

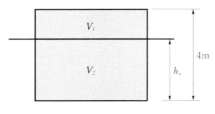

자유물체도에서

$$\sum F_y = 0 \ : \ W_b = F_b$$

전체체적을 V, 잠긴 부분의 체적을 V_2라 하면

$$\rho_b g V = \rho_{sw} g V_2$$

$$\frac{V_2}{V} = \frac{\rho_b}{\rho} = \frac{444.4}{1,030} = 0.431$$

따라서, 잠긴 부분의 높이 : $h_s = 4\text{m} \times 0.431 = 1.724\text{m}$

정답 1.724m

5.33

폭 1m, 길이 2m인 개방된 직사각형 탱크에 휘발유가 1m 깊이로 들어있다. 탱크 측면벽의 높이가 1.5m일 때, 휘발유가 넘치지 않는 범위에서 허용될 수 있는 최대의 수평방향 가속도는 얼마인가?

TIP
강체처럼 운동하는 유체의 수평가속도에 의한 자유표면의 기울기에 관한 식 (5.33)을 적용한다.

풀이

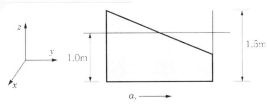

물이 넘치지 않으려면 기울기가

$$\frac{dz}{dy} \leq -\frac{(1.5-1.0)\text{m}}{1\text{m}} = -0.5\text{m}$$ 안에 있어야 한다.

식 (5.33)으로부터

$$\frac{dz}{dy} = -\frac{a_y}{g} \quad \rightarrow \quad a_y = -\left(\frac{dz}{dy}\right)g$$

따라서, 수평방향 최대가속도는

$$(a_y)_{max} = -(0.50) \times 9.81 = 4.91\text{m/s}^2$$

정답 4.91m/s^2

5.35

비중이 0.9인 기름이 내경 10cm인 파이프 내를 흐르고 있다. 유체의 평균 유속이 10m/s라고 할 때, 체적유량과 질량유량을 각각 구하시오.

TIP

체적유량은 식 (5.39)로, 질량유량은 식 (5.38)로 계산한다.

풀이

(a) 체적유량 : 식 (5.39)로부터

$$Q = AV = \frac{\pi}{4}(0.1)^2 \text{m}^2 \times 10\text{m/s} = 0.0785\text{m}^3/\text{s}$$

(b) 질량유량

$$\dot{m} = \rho_{\text{oil}}Q = SG_{\text{oil}}\rho_w Q$$
$$= 0.9 \times 1,000\text{kg/m}^3 \times 0.0785\text{m}^3/\text{s} = 70.65\text{kg/s}$$

정답 $0.0785\text{m}^3/\text{s},\ 70.65\text{kg/s}$

5.37

그림과 같은 지면효과식 기계의 질량은 2,200kg이다. B점의 원형 흡입구를 통하여 대기압의 공기를 가압하고 스커트 C 주변에서 수평방향으로 공기를 분사함으로써 지면에 가깝게 공중으로 떠다닌다. 공기흡입속도가 45m/s일 때 직경 6m의 기계 밑 지면에서의 평균기압 P를 계산하시오. 공기의 밀도는 1.206kg/m³이다.

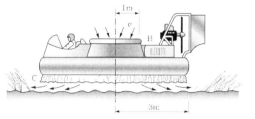

TIP

• 먼저 공기흡입구에 주어진 조건들을 이용하여 질량유량을 구한다.
• 흡입구와 공기출구 사이에 운동량 방정식을 적용하여 계산한다.

풀이

공기흡입구 입구에서의 질량유량을 구하면

$$\dot{m} = \rho A_1 V_1 = 1.206\text{kg/m}^3 \times \pi(1^2)\text{m}^2 \times 45\text{m/s} = 170.5\text{kg/s}$$

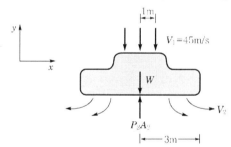

그림의 자유물체도를 참고하여, 입구를 1, 출구를 2라고 하면
기계 밑 지면에서의 압력에 의한 힘은 지면의 수직방향인 y-방향으로 작용하므로 y-방향으로의 운동량 방정식을 적용하면,

$$\Sigma F_y = P_2 A_2 - W = \dot{m}(V_{2y} - V_{1y})$$

그런데, 공기출구에서는 수평방향(x-방향)으로 분사하므로
$V_{2y} = 0$이고, $V_{1y} = -V$이므로

$$\Sigma F_y = P_2 A_2 - W = \dot{m}[0 - (-V_1)] = \dot{m}V_1$$

$$\rightarrow P_2 = \frac{\dot{m}V_1 + W}{A_2} = \frac{170.5 \times 45 + 2,200 \times 9.8}{\pi \times (3^2)}$$

$$= 1033.9\text{Pa} = 1.034\text{kPa}$$

정답 1.034kPa

그림과 같이 잠수함이 깊이 50m의 바닷물($SG=1.03$) 속을 $V_0=5.0\text{m/s}$의 속도로 움직이고 있다. 정체점 (2)에서의 압력을 구하시오.

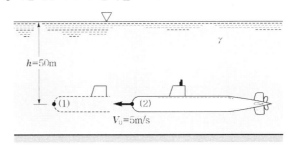

TIP

- 점 (1)과 점 (2) 사이에 베르누이 방정식의 식 (5.45)를 적용하여 계산한다.
- 해수의 밀도 : $\rho_{sw}=SG_{sw}\times\rho_w$

풀이

식 (5.45)로부터

$$P_1+\frac{1}{2}\rho V_1^2+\gamma z_1=P_2+\frac{1}{2}\rho V_2^2+\gamma z_2$$

$z_1=z_2,\ \ V_1=0,\ \ P_1=\gamma h$ 이므로

$$P_2=P_1+\frac{1}{2}\rho V_1^2=\gamma h+\frac{1}{2}\rho V_1^2$$

$$=1.03\times(9.8\times10^3)\times50=1.03\times1{,}000\times\frac{1}{2}(5.0)^2$$

$$=518{,}000\text{Pa}$$

$$=518\text{kPa}$$

정답 $P=518\text{kPa}$

5.41

유속을 측정하고자 아래 그림과 같은 피토 정압관을 사용하였다. 수주의 높이가 20mm 라면 공기의 유속은 얼마인가?

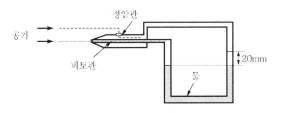

TIP
- 피토 정압관에 의한 공기유속 측정 : 전압과 정압의 차이로 유속 측정
- 전압 = 액주계의 높이 × 비중량
- 공기의 밀도 $\rho_{air} = 1.25 \text{kg/m}^3$

풀이

식 (5.45)로부터

$$P_1 + \frac{1}{2}\rho_{air}V_{air}^2 + \gamma z_1 = P_2 + \frac{1}{2}\rho V_2^2 + \gamma z_2$$

$z_1 = z_2$, $V_2 = 0$이므로

$$\Delta P = P_2 - P_1 = \gamma_w h = \frac{1}{2}\rho_{air}V_{air}^2$$

$$\rightarrow V_{air} = \sqrt{\frac{2\rho_w g \times h}{\rho_{air}}} = \sqrt{\frac{2 \times 1,000 \times 9.8 \times 0.02}{1.25}}$$

$$= 17.71 \text{m/s} \fallingdotseq 17.7 \text{m/s}$$

정답 17.7m/s

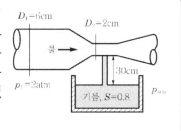

5.43

내연기관에 있는 기화기(carburetor)는 벤투리관의 원리를 이용하여 연료를 엔진 내로 공급하는 역할을 한다. 그림은 이와 유사한 물제트(water jet)를 이용하여 아래 통에 있는 기름을 빨아올리는 장치이다. 그림과 같이 기름을 빨아올리려면 물의 유속이 최소한 얼마가 되어야 하겠는가?

TIP

단면 1과 단면 2에 연속방정식과 베르누이 방정식을 적용하여 계산한다.

풀이

연속방정식으로부터 단면 2에서의 유속을 구하면

$$Q = A_1 V_1 = A_2 V_2$$

$$\rightarrow \quad V_2 = V_1 \frac{A_1}{A_2}$$

단면 2에서의 압력은

$$P_2 = P_{atm} - \rho gh = 101.3 \times 10^3 - 1,000 \times 0.8 \times 9.8 \times 0.3 = 98,950 \mathrm{Pa}$$

단면 1과 2사이에 베르누이 방정식을 적용하면

$$\frac{P_2 - P_1}{\rho} + \frac{1}{2}(V_2^2 - V_1^2) = \frac{P_2 - P_1}{\rho} + \frac{1}{2}V_1^2\left(\frac{A_1^2}{A_2^2} - 1\right)$$

$$\rightarrow \quad \frac{98,950 - 2 \times 101.3 \times 10^3}{1,000} + \frac{1}{2}V_1^2(3^4 - 1^4) = 0$$

$$\rightarrow \quad V_1 = 1.61 \mathrm{m/s}$$

정답 1.61m/s

06 Chapter >>> 동역학

I. 핵심정리

01 질점의 운동학(kinematics)

(1) 직선운동

① 순간속도 : $v(t) = \lim\limits_{\Delta t \to 0} \dfrac{\Delta x}{\Delta t} = \dfrac{dx}{dt}$

평균속도 : $v_{av} = \dfrac{\Delta x}{\Delta t}$

② 순간가속도 : $a(t) = \lim\limits_{\Delta t \to 0} \dfrac{\Delta v}{\Delta t} = \dfrac{dv}{dt}$, $a = \dfrac{d^2 x}{dt^2}$

평균가속도 : $a_{av} = \dfrac{\Delta v}{\Delta t}$

③ 변위, 속도, 가속도 간의 관계식

$a = \dfrac{dv}{dt} = v \dfrac{dv}{dx}$, $vdv = adx$, 초기위치 $x = x_0$, 초기속도 $v = v_0$

㉠ 일정가속도 : $a = \mathrm{const}$

$v = v_0 + at$

$v^2 = v_0^2 + 2a(x - x_0)$

$x = x_0 + v_0 t + \dfrac{1}{2} a t^2$

㉡ 가속도가 시간의 함수인 경우 : $a = f(t)$

$v = v_0 + \displaystyle\int_0^t f(t) dt$

$x = x_0 + \displaystyle\int_0^t v dt$

㉢ 가속도가 속도의 함수인 경우 : $a = f(v)$

$t = \displaystyle\int_0^t dt = \int_{v_0}^{v} \dfrac{dt}{f(v)}$

$$s = s_0 + \int_{v_0}^{v} \frac{vdv}{f(v)}$$

② 가속도가 위치의 함수인 경우 : $a = f(x)$

$$v^2 = v_0^2 + 2\int_{x_0}^{x} f(x)dx$$

$$t = \int_{x_0}^{x} \frac{dx}{g(x)}$$

(2) 곡선운동

① 순간속도 : $\vec{v} = \lim_{\Delta t \to 0} \frac{\vec{\Delta r}}{\Delta t} = \frac{d\vec{r}}{dt}$

평균속도 : $v_{av} = \frac{\vec{\Delta r}}{\Delta t}$

② 속력(speed) : $v = |\vec{v}| = \frac{ds}{dt}$

③ 순간가속도 : $\vec{a} = \lim_{\Delta t \to 0} \frac{\vec{\Delta v}}{\Delta t} = \frac{d\vec{v}}{dt}$

평균가속도 : $a_{av} = \frac{\vec{\Delta v}}{\Delta t}$

(3) 직각좌표계와 발사체 운동

① 위치벡터 : $\vec{r} = x\hat{i} + y\hat{j}$

② 속도벡터 : $\vec{v} = v_x\hat{i} + v_y\hat{j}$

$$v = \sqrt{v_x^2 + v_y^2} \;, \quad \theta = \tan^{-1}\frac{v_y}{v_x}$$

③ 가속도 벡터 : $\vec{a} = a_x\hat{i} + a_y\hat{j}$

$$a = \sqrt{a_x^2 + a_y^2}$$

④ 위치, 속도, 가속도 간의 관계식

$$v_x = (v_x)_0$$

$$v_y = (v_y)_0 - gt$$

$$x = x_0 + (v_x)_0 t$$

$$y = y_0 + (v_y)_0 t - \frac{1}{2}gt^2$$

$$v_y^2 = (v_y)_0^2 - 2g(y - y_0)$$

(4) 법선 - 접선 좌표계와 원운동

    ① 속도벡터 : $\vec{v} = v\hat{e_t} = \rho\dot{\beta}\hat{e_t}$

       각속도(angular velocity) : $\dot{\beta} = \dfrac{d\beta}{dt} = \dfrac{v}{\rho}$

    ② 가속도 벡터 : $\vec{a} = \dfrac{d\vec{v}}{dt} = \dfrac{d(v\hat{e_t})}{dt} = \dot{v}\hat{e_t} + v\dot{\hat{e_t}}$

       $\vec{a} = \dfrac{v^2}{\rho}\hat{e_n} + \dot{v}\hat{e_t}$

       $\dot{\hat{e_t}} = \dot{\beta}\hat{e_n}$

       $a_n = \dfrac{v^2}{\rho} = \rho\dot{\beta}^2 = v\dot{\beta}$

       $a_t = \dot{v} = \ddot{s}$

       $a = \sqrt{a_n^2 + a_t^2}$

    ③ 원운동을 하는 질점의 속도와 가속도

       $v = r\dot{\theta}$

       $a_n = \dfrac{v^2}{r} = r\dot{\theta}^2 = v\dot{\theta}$

       $a_t = \dot{v} = r\ddot{\theta}$

(5) 두 질점의 상대운동

    ① 위치벡터 : $\vec{r}_A = \vec{r}_B + \vec{r}_{A/B}$

    ② 속도벡터 : $\vec{v}_A = \vec{v}_B + \vec{v}_{A/B}$

    ③ 가속도벡터 : $\vec{a}_A = \vec{a}_B + \vec{a}_{A/B}$

02 질점의 운동역학

(1) 뉴턴의 제2법칙

    ① 직선운동의 성분방정식

       $\Sigma F_x = ma_x$

       $\Sigma F_y = ma_y$

       $\Sigma F_z = ma_z$

    ② 가속도와 합력

       $\Sigma\vec{a} = a_x\hat{i} + a_y\hat{j} + a_z\hat{k}$

$$a = \sqrt{a_x^2 + a_y^2 + a_z^2}$$

$$\sum \vec{F} = \sum F_x \hat{i} + \sum F_y \hat{j} + \sum F_z \hat{k}$$

$$|\sum \vec{F}| = \sqrt{(\sum F_x)^2 + (\sum F_y)^2 + (\sum F_z)^2}$$

(2) 곡선운동

① 직각좌표계에서의 운동방정식

$$\sum (F_x \hat{i} + F_y \hat{j} + F_z \hat{k}) = m(a_x \hat{i} + a_y \hat{j} + a_z \hat{k})$$

$$\sum F_x = ma_x, \quad \sum F_y = ma_y, \quad \sum F_z = ma_z$$

② 법선 - 접선좌표계에서의 운동방정식

$$\sum F_t = ma_t = m\frac{dv}{dt}$$

$$\sum F_n = ma_n = m\rho\dot{\beta}^2 = m\frac{v^2}{\rho}$$

(3) 일과 운동에너지

① 일의 정의 : $dW = \vec{F} \cdot \vec{dr}$, $dW = Fds\cos\alpha$

② 일의 양 : $W = \int \vec{F} \cdot \vec{dr} = \int (F_x dx + F_y dy + F_z dz)$

③ 곡선 경로에서의 일

$$W_{1\to2} = \int_{A_1}^{A_2} \vec{F} \cdot \vec{dr} = \int_{s_1}^{s_2} (F_t \hat{e_t} + F_n \hat{e_n}) \cdot (ds\hat{e_t}) = \int_{s_1}^{s_2} F_t ds$$

④ 스프링에 의한 일

$$W_{1\to2} = -\int_{x_1}^{x_2} Fdx = -\int_{x_1}^{x_2} kxdx = \frac{1}{2}kx_1^2 - \frac{1}{2}kx_2^2$$

⑤ 법선 - 접선좌표계에서의 일

$$W_{1\to2} = \int_{s_1}^{s_2} Fds = \int_{v_1}^{v_2} mvdv = \frac{1}{2}mv_2^2 - \frac{1}{2}mv_1^2$$

⑥ 질점의 운동에너지 : $K = \frac{1}{2}mv^2$

⑦ 질점에 대한 일과 에너지 방정식

$$W_{1\to2} = K_2 - K_1 = \Delta K$$

$$K_1 + W_{1\to2} = K_2$$

⑧ 일률(power, 혹은 동력) : $P = \vec{F} \cdot \dfrac{\vec{dr}}{dt} = \vec{F} \cdot \vec{v}$

⑨ 기계효율(efficiency) : $\eta = \dfrac{W_{out}}{W_{in}}$

(4) 보존력과 위치에너지

 ① 보존력(conservative force)

 ② 위치에너지(potential energy) : $U \equiv mgy$

  질점의 무게에 의한 일 : $W_{1 \rightarrow 2} = U_1 - U_2 = mgy_1 - mgy_2$

 ③ 탄성에너지 : $U \equiv \dfrac{1}{2}kx^2$

  탄성스프링에 의한 일 : $W_{1 \rightarrow 2} = U_1 - U_2 = \dfrac{1}{2}kx_1^2 - \dfrac{1}{2}kx_2^2$

 ④ 보존계(conservative system) : $K_2 - K_1 = U_1 - U_2$

  기계적 에너지보존의 법칙(혹은 에너지보존의 법칙) : $K_1 + U_1 = K_2 + U_2$

(5) 충격량과 운동량

 ① 선형충격량 혹은 역적(impulse) : $\overrightarrow{I_{1 \cdot 2}} \equiv \displaystyle\int_{t_1}^{t_2} \overrightarrow{F} dt$

 ② 선형운동량 : $\overrightarrow{L} = m\overrightarrow{v}$

 ③ 선형운동량의 원리 : $\displaystyle\int_{t_1}^{t_2} \overrightarrow{F} dt = m\overrightarrow{v_2} - m\overrightarrow{v_1}$

         $\overrightarrow{L_2} = \overrightarrow{L_1} + \overrightarrow{I_{1 \rightarrow 2}}$

 ④ 선형운동량 보존의 법칙

  외력에 의한 역적이 0인 경우 : $\sum m_i \overrightarrow{v_{2i}} = \sum m_i \overrightarrow{v_{1i}}$

(6) 충돌

 ① 정면충돌(direct central impact)

  $m_A \overrightarrow{v_A} + m_B \overrightarrow{v_B} = m_A \overrightarrow{v'_A} + m_B \overrightarrow{v'_B}$

 ② 반발계수(coefficient of restitution)

  $e = \dfrac{v'_B - v'_A}{v_B - v_A} = \dfrac{-v_f^{A/B}}{v_i^{A/B}}$

  ㉠ $e = 0$: 비탄성충돌 혹은 소성충돌(perfectly plastic impact)

   $v_B' = v_A'$

  ㉡ $e = 1$: 완전탄성충돌(perfectly elastic impact)

   $v_A + v_A' = v_B + v_B'$

   $m_A(v_A - v_A') = m_B(v_B' - v_B)$

   $\dfrac{1}{2}m_A v_A^2 + \dfrac{1}{2}m_B v_B^2 = \dfrac{1}{2}m_A v_A'^2 + \dfrac{1}{2}m_B v_B'^2$

③ 경사충돌(oblique impact)

$$v_{At} = v_{At}{}', \quad v_{Bt} = v_{Bt}{}'$$

$$m_A v_{An} + m_B v_{Bn} = m_A v'{}_{An} + m_B v'{}_{Bn}$$

$$e = \frac{v'{}_{Bn} - v'{}_{An}}{v_{An} - v_{Bn}}$$

03 강체의 평면운동학

(1) 병진운동

① 위치방정식 : $\vec{r}_B = \vec{r}_A + \vec{r}_{B/A}$

② 순간속도 : $\vec{v}_B = \vec{v}_A$, $\vec{v}_{B/A} = 0$

③ 가속도 : $\vec{a}_B = \vec{a}_A$

(2) 고정축에 대한 회전운동

① 각속도 : $\omega = \dfrac{d\theta}{dt} = \dot{\theta}$

② 각가속도 : $\alpha = \dfrac{d\omega}{dt} = \dot{\omega}$

$$\alpha = \frac{d^2\theta}{dt^2} = \ddot{\theta}$$

$$\omega d\omega = \alpha d\theta, \quad \dot{\theta}\dot{d\theta} = \ddot{\theta}d\theta$$

③ 등각속도 운동

$$\omega = \omega_0 + \alpha t$$

$$\omega^2 = \omega_0^2 + 2\alpha(\theta - \theta_0)$$

$$\theta = \theta_0 + \omega_0 t + \frac{1}{2}\alpha t^2$$

④ 고정축에 대한 회전운동

$$v = r\omega$$

$$\vec{v} = \dot{\vec{r}} = \vec{\omega} \times \vec{r}$$

$$\vec{a} = \dot{\vec{v}} = \vec{\omega} \times \dot{\vec{r}} + \dot{\vec{\omega}} \times \vec{r} = \vec{\omega} \times (\vec{\omega} \times \vec{r}) + \dot{\vec{\omega}} \times \vec{r} = \vec{\omega} \times \vec{v} + \vec{\alpha} \times \vec{r}$$

$$a_n = r\omega^2 = \frac{v^2}{\rho} = v\omega, \quad \vec{a_n} = \vec{\omega} \times (\vec{\omega} \times \vec{r})$$

$$a_t = r\alpha, \quad \vec{a_t} = \vec{\alpha} \times \vec{r}$$

(3) 일반적인 평면운동

① $\vec{v}_B = \vec{v}_A + \vec{v}_{B/A}$

② $\vec{v}_B = \vec{v}_A + \vec{\omega} \times \vec{r}_{B/A}$

(4) 순간회전중심(Instantaneous Center ; IC)

$\vec{v}_B = \vec{\omega} \times \vec{r}_{B/A}$

(5) 평면운동에서의 상대가속도

$\vec{a}_B = \vec{a}_A + \vec{a}_{B/A}$

$\vec{a}_B = \vec{a}_A + (\vec{a}_{B/A})_t + (\vec{a}_{B/A})_n$

$$(\vec{a}_{B/A})_t = \vec{\alpha} \times \vec{r}_{B/A}, \quad (\vec{a}_{B/A})_n = -\omega^2 \vec{r}_{B/A}$$

$\vec{a}_B = \vec{a}_A + \vec{\alpha} \times \vec{r}_{B/A} - \omega^2 \vec{r}_{B/A}$

Ⅱ. 연습문제

6.1

정지상태에서 출발한 자동차가 직선도로를 따라서 125m 이동한 후 20m/s의 속력이 되었다. 등가속도와 이동시간을 구하시오.

TIP 거리와 속도가 주어진 가운데 등가속도를 구하는 문제이므로 식 (6.4)와 (6.5)를 적용한다.

풀이

$v^2 = v_0^2 + 2a(x - x_0)$ 에서

$v_0 = 0$, $x_0 = 0$ 이므로

$\rightarrow v^2 = 2ax$

$\rightarrow 20^2 = 2 \times a \times 125$

따라서, $a = \dfrac{20^2}{2 \times 125} = 1.6\text{m}/\text{s}^2$

이동시간은

$v = v_0 + at$ 으로부터

$\rightarrow t = \dfrac{v}{a} = \dfrac{20}{1.6} = 12.5\text{s}$

정답 $a = 1.6\text{m}/\text{s}^2$, $t = 12.5\text{s}$

6.3

그림과 같은 달 착륙선이 하강엔진의 역추력에 의해 달 표면의 5m 상공까지 하강하였을 때의 속도가 4m/s이다. 만일 이 시점에서 엔진이 갑자기 꺼지면 달 표면에서의 충돌속도는 얼마인가? 단, 달의 중력가속도는 1.64m/s²이다.

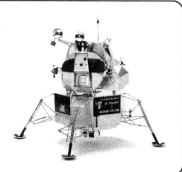

TIP
- 거리와 초기속도 및 등가속도(달의 중력가속도)가 주어진 상태에서 최종속도를 구하는 문제이므로 식 (6.5)를 적용한다.
- 충돌속도 = 최종속도

풀이

$v^2 = v_0^2 + 2a(x - x_0)$ 에서

$v_0 = 4\text{m/s}$, $x - x_0 = 5\text{m}$, $a = 1.64\text{m/s}^2$이고,

충돌속도 = 최종속도이므로

$$\rightarrow v = \sqrt{v_0^2 + 2a(x - x_0)}$$
$$= \sqrt{4^2 + 2 \times 1.64 \times 5} = 5.7\text{m/s}$$

정답 $v = 5.7\text{m/s}$

6.5

전투함정의 수직발사관을 통하여 미사일을 초기속도 200m/s로 발사하였다. 이 미사일이 도달할 수 있는 최대고도 h를 구하고, 다시 수면에 도달할 때까지의 시간을 계산하시오. 단, 공기저항은 무시하고 중력가속도는 9.81m/s^2로 한다.

TIP

- 수직발사체인 경우이므로 최대고도는 최종속도가 영인 고도이다.
- 최종속도 및 등가속도(중력가속도)가 주어졌으므로 식 (6.5)로 초기속도를 구한다.
- 수면도달시간은 최대고도 도달시간의 2배인 왕복시간이다.

풀이

최대고도는

$$v^2 = v_0^2 + 2a(x - x_0) \text{에서}$$

$v = 0, \ x - x_0 = h, \ a = -g = -9.81\text{m/s}^2$이므로

$$\rightarrow \ h = -\frac{v_0^2}{2g} = -\frac{(200)^2}{2 \times (-9.81)} = 2038.7\text{m}$$

최대고도 도달시간

$$v = v_0 - gt = 0$$

$$\rightarrow \ t = \frac{v_0}{g} = \frac{200}{9.81} = 20.38\text{s}$$

따라서, 수면도달시간 = 왕복시간 = $2t$ = 40.8s

정답 $h = 2038.7\text{m}, \ t = 40.8\text{s}$

6.7

인공위성과 같이 물체를 지상으로부터 아주 높은 고도로 투사되었을 때에는 고도 y에 따른 중력가속도의 변화를 고려하여야 한다. 공기저항을 무시하면 가속도는 $a = -g_0[R^2/(R+y)^2]$로 계산된다. 여기서 g_0는 해상에서의 중력가속도로 9.81m/s^{2}이고, R은 지구의 반지름으로 6,356km이다. 만일 발사체를 지표면으로부터 수직 상향으로 발사하여 지구로 다시 추락하지 않게 하려면 최소초기속도(탈출속도)는 얼마가 되어야 하는가? **힌트** $y \to \infty$이면 $v = 0$이어야 한다.

TIP

• 가속도가 위치의 함수(수직거리 y의 함수)로 주어진 경우이므로 식 (6.3)을 적용하여 속도와 고도의 관계를 구한다.
• 주어진 힌트인 $y \to \infty$이면 $v=0$을 적용하여 계산한다.

풀이

식 (6.3)으로부터

$$a = \frac{dv}{dt} = v\frac{dv}{dx} \quad \to \quad vdv = ady$$

양변을 적분하면

$$\int_v^0 vdv = \int_0^\infty ady = -g_0R^2\int_0^\infty \frac{dy}{(R+y)^2}$$

$$\to \quad -\frac{1}{2}v^2 = -g_0R$$

$$\to \quad v = \sqrt{2gR} = \sqrt{2 \times 9.81 \times 6,356}$$
$$= 11.2\text{km/s}$$

정답 $v = 11.2\text{km/s}$

6.9

그림과 같은 투석기를 사용하여 성을 공격하고자 한다. 돌의 운동궤적의 최대높이에서 성벽에 부딪치도록 한다. 돌이 A지점에서 B지점까지 날아가는 데 1.5초가 소요된다면, 발사속도 v_A와 발사각 θ_A, 그리고 충돌지점의 높이 h를 각각 구하시오.

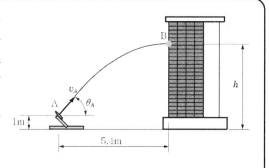

TIP

- 직각좌표계에서의 발사체 운동에 관한 식 (6.17)~(6.19)를 적용한다.
- 최대높이에서는 속도가 영이 됨을 이용한다.

풀이

수평거리 : 식 (6.18)의 $x = x_0 + (v_x)_0 t$에서

$x_0 = 0$, $x = 5.4 \text{km}$, $t = 1.5\text{s}$이므로

$5.4 = v_A \cos\theta_A \times 1.5$ .... (1)

최대높이에서의 속도는 영이므로, 식 (6.17) $v_y = (v_y)_0 - gt$로부터

$0 = v_A \sin\theta_A - 9.81 \times 1.5$ .... (2)

식 (1)과 (2)로부터

$v_A = 15.1\text{m/s}$, $\theta_A = 76.3°$

최대높이는 식 (6.18), $y = y_0 + (v_y)_0 t - \dfrac{1}{2}gt^2$에서, $y_0 = 1\text{m}$이므로

$h = 1 + 15.1 \times \sin 76.3° \times 1.5 - \dfrac{1}{2} \times 9.81 \times 1.5^2 = 12\text{m}$

정답 $v_A = 15.1\text{m/s}$, $\theta_A = 76.3°$, $h = 12\text{m}$

6.11

자동차가 반경 100m의 원형 트랙을 따라 주행하고 있다. 이 자동차의 속력이 8m/s²로 일정하게 가속되어 16m/s가 되었다면 이 순간의 가속도의 크기는 얼마인가?

TIP

법선-접선좌표계의 원운동에서의 접선가속도와 법선가속도에 관한 식 (6.24)를 적용한다.

풀이

접선가속도는 접선방향의 등가속운동이므로 주어진 조건으로부터

$$\rightarrow a_t = 8\text{m}/\text{s}^2$$

법선가속도 : $a_n = \dfrac{v^2}{r} = \dfrac{16^2}{100} = 5.12\text{m}/\text{s}^2$

가속도의 크기는

$$a = \sqrt{a_t^2 + a_n^2} = \sqrt{8^2 + 5.12^2} = 9.50\text{m}/\text{s}^2$$

정답 $a = 9.50\text{m}/\text{s}^2$

6.13

함정이 반지름 20m의 원형 경로를 따라서 항해하고 있다. 함정의 속력이 $v = 5\text{m/s}$이고, 접선방향 속도변화율 $\dot{v} = 2\text{m/s}^2$이라면 이 함정의 가속도 크기는 얼마인가?

TIP

- 법선 - 접선좌표계의 원운동에서의 접선가속도와 법선가속도에 관한 식 (6.24)를 적용한다.
- 접선방향 속도변화율은 접선가속도이다.

풀이

접선가속도는 접선방향 속도변화율이므로

$$\rightarrow a_t = \dot{v} = 2\text{m/s}^2$$

법선가속도 : $a_n = \dfrac{v^2}{r} = \dfrac{5^2}{20} = 1.25\text{m/s}^2$

가속도의 크기 : $a = \sqrt{a_t^2 + a_n^2} = \sqrt{2^2 + 1.25^2} = 2.36\text{m/s}^2$

정답 $a = 2.36\text{m/s}^2$

6.15

자동차가 일정한 속력으로 A지점을 통과할 때, 질량중심 G의 가속도는 0.5g이 된다. A에서 도로의 곡률반경이 100m이고, 차의 질량중심으로부터 도로까지의 거리가 0.6m라면 자동차의 속력은 얼마인가?

0.6m

A

TIP

• 문제 6.13과 유사한 방법을 적용한다.
• 자동차의 회전곡률반경은 자동차 질량중심의 지면으로부터의 높이를 고려하여야 한다.

풀이

법선가속도 $a_n = \dfrac{v^2}{r}$ 에서

$$\rightarrow v^2 = ra_n$$

$$\rightarrow v = \sqrt{ra_n} = \sqrt{(100-0.6) \times 0.5 \times 9.81}$$

$$= 22.08 \text{m/s}^2$$

정답 $v = 22.08 \text{m/s}^2$

그림의 블록 C가 6m/s의 속력으로 상승하는 동안 블록 A가 1.2m/s의 속력으로 하향 이동 한다. 이 경우 블록 B의 속력을 구하시오.

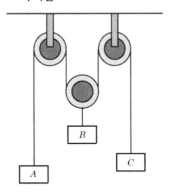

TIP

• 질점 간의 종속운동과 상대운동의 문제
• 전체 줄의 길이는 일정함을 이용

풀이

전체 줄의 길이 : $s_A + 2s_B + s_C = L$

시간에 대해 미분하면

$$\rightarrow v_A + 2v_B + v_C = 0$$

$$\rightarrow v_B = \frac{-v_A - v_C}{2} = \frac{-(-1.2) - 6}{2}$$

$$= -2.4 \text{m/s}$$

정답 $v = -2.4\text{m/s}$

6.19

잔잔한 바다에 6노트(1노트 = 1.852km/h)의 속도를 낼 수 있는 작은 배가 선수를 동쪽으로 하고 항해하고 있으나 해류에 의해 남쪽으로 틀어지고 있다. 보트의 실제 경로는 A에서 B로 2시간 거리인 10해리이다. 해류의 속도를 구하시오.

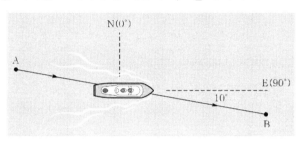

TIP

- 1노트는 1시간에 1해리를 가는 속도를 말한다.
- 따라서 보트의 실제 속도는 2시간 동안 10해리를 가려면 $v_B = 5$knot 이다.
- 보트의 속도와 해류의 속도 그리고 조류에 대한 상대속도에 관한 속도삼각형을 그리고 삼각형의 여현법칙과 정현법칙을 적용하여 계산한다.

풀이

조류에 대한 보트의 상대속도 : $v_{B/W} = 6$knot

조류의 속도 : v_W

보트의 속도 : $v_B = 5$knot와의 관계를 속도삼각형으로 그리면

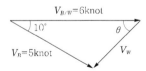

속도삼각형으로부터 $\vec{v_B} = \vec{v_W} + \vec{v_{B/W}}$

속도 삼각형에 코사인 법칙을 적용하면

$$v_W^2 = 5^2 + 6^2 - 2 \times 5 \times 6 \times \cos 10° = 1.91$$

따라서 조류의 속도는   → $v_W = \sqrt{1.91} = 1.38$ knot

조류의 방향은 삼각형의 정현법칙으로부터

$$\frac{5}{\sin\theta} = \frac{1.38}{\sin 10°} \quad \to \quad \theta = 38.9°$$

정답 $v_W = 1.38$노트

6.21

항공모함이 50km/h의 속도로 전진 항해하고 있다. 그림과 같은 순간에 A지점에 있는 항공기가 이륙하여 전방 수평속도 200km/h에 도달하였다. 만일 B지점에 있는 항공기가 그림의 방향으로 항공모함 활주로를 따라 175km/h로 달리고 있다면, B에 대한 A의 속력은 얼마인가? 활주로 A와 B의 사이각은 $\theta = 15°$이다.

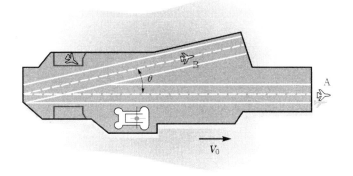

TIP 각 질점의 속도를 벡터로 표현하고, 상대운동의 개념을 적용하여 계산하면 편리하다.

풀이

A지점 항공기의 속도

$$\overrightarrow{v_A} = v_A\hat{i} = 200\hat{i}$$

B지점 항공기의 속도

$$\overrightarrow{v_B} = v_0\hat{i} + v_B(\cos\theta\hat{i} + \sin\theta\hat{j})$$

$$= 50\hat{i} + 175(\cos15\hat{i} + \sin15\hat{j})$$

B에 대한 A의 상대속도

$$\overrightarrow{v_{A/B}} = \overrightarrow{v_A} - \overrightarrow{v_B}$$

$$= 200\hat{i} - [50\hat{i} + 175(\cos15\hat{i} + \sin15\hat{j})]$$

$$= -19.04\hat{i} - 45.29\hat{j}$$

속력

$$|\overrightarrow{v_{A/B}}| = \sqrt{(-19.04)^2 + (-45.29)^2} = 49.1\text{km/h}$$

정답 49.1km/h

6.23

그림과 같은 두 가지 경우에 대하여 150kg 추의 수직가속도를 각각 구하시오. 도르래의 질량과 마찰은 무시한다.

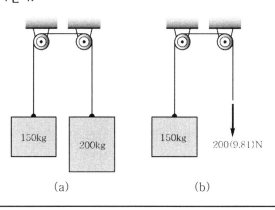

(a) (b)

TIP 자유물체도를 그려 각 물체에 작용하는 힘과 가속도를 표기하고 각 물체에 대해 뉴턴의 제2법칙을 적용하여 계산한다.

풀이

(a) 자유물체도로부터

$$\sum F = ma$$

150kg 블록 : $T - 150 \times 9.81 = 150a$ ············· (1)

200kg 블록 : $200 \times 9.81 - T = 200a$ ············ (2)

식 (1)과 (2)로부터

$T = 1{,}682N$, $a = 1.401 \mathrm{m/s^2}$

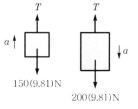

(b) $\sum F = ma$

$$200 \times 9.81 - 150 \times 9.81 = 150a$$

$$a = \frac{50 \times 9.81}{150} = 3.27 \mathrm{m/s^2}$$

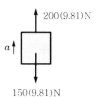

정답 $a = 1.401 \mathrm{m/s^2}$, $a = 3.27 \mathrm{m/s^2}$

50kg의 나무상자가 바닥면을 따라 초기속도 7m/s로 움직이고 있다. 운동마찰계수가 0.4라고 할 때, 이 나무상자가 정지할 때까지의 시간과 이 시간 동안 움직인 거리를 구하시오.

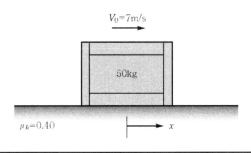

TIP

문제 6.23과 동일한 방법으로 가속도를 구한 후 운동학 관계식을 이용하여 이동 시간과 거리를 계산한다.

풀이

자유물체도로부터

$$\sum F_y = ma_y : N - mg = 0$$

$$\sum F_x = ma_x : -\mu_k mg = ma_x$$

$$\rightarrow a_x = -\mu_k g = -0.4 \times 9.81 = -3.92 \text{m/s}^2$$

이동거리 : 초기속도, 최종속도 및 가속도를 알고 있으므로 식 (6.5)를 적용

$$v^2 - v_0^2 = 2a(x - x_0)$$

$$\rightarrow 0^2 - 7^2 = 2 \times (-3.92) \times (x - 0) \rightarrow x = 6.24 \text{m}$$

이동시간 : 식 (6.4)로부터

$$v = v_0 + at$$

$$\rightarrow 0 = 7 - 3.92t$$

$$\rightarrow t = 1.784 \text{s}$$

정답 $t = 1.784$s, $x = 6.24$m

6.27

그림과 같은 1,750kg의 자동차가 곡률반지름 $\rho = 100\text{m}$인 언덕을 넘어가고 있다. 이 자동차가 도로의 표면에서 뜨지 않고 언덕을 넘어갈 수 있는 최대속도를 구하시오.

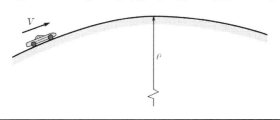

TIP

표면에 뜨지 않을 조건은 법선방향 가속도에 의한 원심력과 자동차의 수직력이 평형을 이룰 때이다.

풀이

자유물체도로부터

$$\sum F_n = ma_n \; : \; W = \frac{W}{g} \times \frac{v^2}{\rho}$$

$$\rightarrow v = \sqrt{g\rho} = \sqrt{9.81 \times 100}$$

$$= 31.32\text{m/s}$$

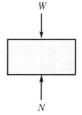

정답 $v = 31.32\text{m/s}$

6.29

100kg의 상자가 그림과 같이 $F_1 = 800N$의 힘이 $\theta_1 = 30°$의 각도로, $F_2 = 1,500N$의 힘이 $\theta_2 = 20°$의 각도로 작용하고 있다. 상자는 처음에 정지상태에 있다면, 이 상자가 6m/s의 속력에 도달할 때까지 이동한 거리를 구하시오. 상자와 표면 사이의 운동마찰계수 $\mu_k = 0.20$이다.

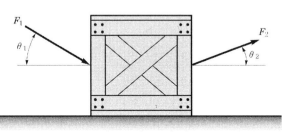

TIP

자유물체도와 평형방정식으로부터 물체에 작용하는 힘을 구하고 일과 운동에너지 방정식(일=운동에너지 변화)의 식 (6.38b)를 적용하여 계산한다.

풀이

평형방정식으로부터

$$N_C - F_1\sin30° - mg + F_2\sin20° = 0$$
$$N_C = 800\sin30° + 100 \times 9.81 - 1,500\sin20°$$
$$\rightarrow N_C = 867.97N$$

일과 운동에너지 방정식

$K_1 + W_{1\to2} = K_2$로부터 $K_1 = 0$이므로

$$0 + (F_1\cos30°) \times s - \mu_k N_C \times s + (F_2\cos20°) \times s = \frac{1}{2}mv^2$$

$$\rightarrow s = \frac{mv^2}{2(F_1\cos30° - \mu_k N_C + F_2\cos20°)}$$

$$= \frac{100 \times 6^2}{2(800\cos30° - 0.02 \times 867.97 + 1,500\cos20°)}$$

$$= 0.933m$$

정답 $s = 0.933m$

6.31

50kg의 상자가 그림과 같이 기울기 $a = 3$, $b = 4$인 경사면을 따라 내려가고 있다. 상자가 점 A를 통과할 때의 속력이 3m/s이라면 운동을 순간적으로 멈추는 데 필요한 스프링의 최대변위를 구하시오. 상자와 경사면과의 운동마찰계수 $\mu_k = 0.25$이며, 스프링 상수 $k = 3,600\text{N/m}$, 점 A와 스프링까지의 거리 $d = 3\text{m}$이다.

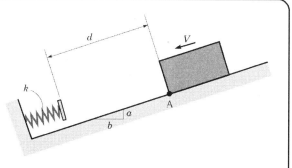

TIP

- 자유물체도와 평형방정식으로부터 물체에 작용하는 힘을 구한다.
- 시스템이 한 일은 스프링에 의한 일(식 6.44)과 중력 및 마찰력에 의한 일의 합이다.
- 보존력에 의한 일은 운동에너지의 변화(식 6.45)로 나타남을 이용하여 계산한다.

풀이

평형방정식으로부터

$$N = \left(\frac{b}{\sqrt{a^2 + b^2}} \right) W = \frac{4}{\sqrt{3^2 + 4^2}} \times 500 = 400\text{N}$$

스프링 힘에 의한 일 : 스프링의 최대변위를 d_{max}라 하면

$$(W_{1 \to 2})_{spring} = \frac{1}{2} k x_1^2 - \frac{1}{2} k x_2^2 = -\frac{1}{2} k d_{max}^2$$

중력 및 마찰력에 의한 일

$$(W_{1 \to 2})_{gravity + friction} = -\mu_k N (d + d_{max}) + W(d + d_{max}) \frac{a}{\sqrt{a^2 + b^2}}$$

$$= -0.25 \times 400 \times (3 + d_{max}) + 50 \times 9.81 \times (3 + d_{max}) \frac{3}{\sqrt{3^2 + 4^2}}$$

따라서 보존에너지의 변화는

$$U_1 - U_2 = (W_{1 \to 2})_{spring} + (W_{1 \to 2})_{gravity + friction} \text{이므로}$$

식 (6.45)로부터

$$\to \frac{1}{2} m v^2 - \mu_k N (d + d_{max}) - \frac{1}{2} k d_{max}^2 + W(d + d_{max}) \left(\frac{a}{\sqrt{a^2 + b^2}} \right) = 0$$

$$\to d_{max} = 0.737\text{m}$$

정답 $d_{max} = 0.737\text{m}$

6.33

길이가 같은 두 개의 스프링이 충격을 흡수하기 위하여 겹쳐져 있다. 정지된 위치에서 스프링의 꼭짓점으로부터 $s = 0.5\text{m}$ 높이에서 떨어진 질량 2kg의 물체의 운동을 저지하여 스프링의 압축길이가 0.2m가 되도록 설계되었다. 외부 스프링의 강성도가 $k_A = 400\text{N/m}$ 라면 내부 스프링의 강성도 k_B는 얼마나 되어야 하겠는가?

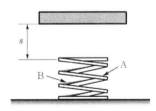

TIP

보존계에서 운동에너지와 위치에너지의 합이 일정함(식 6.45)을 적용한다.

풀이

보존계에 대한 에너지 보존의 법칙으로부터

$$K_1 + U_1 = K_2 + U_2$$

$$0 + mg(s + \delta) = 0 + \frac{1}{2}(k_A + k_B)\delta^2$$

$$\rightarrow k_B = \frac{2mg(s + \delta)}{\delta^2} - k_A$$

$$= \frac{2 \times 2 \times 9.81 \times (0.5 + 0.2)}{0.2^2} - 400$$

$$= 287\text{N/m}$$

정답 $k_B = 287\text{N/m}$

6.35

몸무게 750N인 두 명의 생도 A와 B가 강성도 $k = 1,200\text{N/m}$인 굵은 고무 밧줄을 사용하여 높이 $h = 40\text{m}$인 다리 위에서 번지 점프를 하려고 한다. 두 생도가 강물의 수면에 살짝 닿은 순간 밧줄에 고정되어 있는 A생도가 B생도를 놓는다. 이 묘기를 하기 위하여 인장되지 않은 상태의 적당한 밧줄의 길이는 얼마인가?

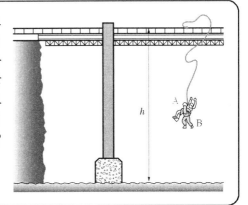

TIP

보존계에서 운동에너지와 위치에너지의 합이 일정함(식 6.45)을 적용한다.

풀이

보존계에 대한 에너지 보존의 법칙으로부터

$$K_1 + U_1 = K_2 + U_2$$

$$0 + 0 = 0 - 2Wh + \frac{1}{2}k(h - L)^2$$

$$\rightarrow L = h - \sqrt{\frac{4Wh}{k}} = 40 - \sqrt{\frac{4 \times 750 \times 50}{1,200}}$$

$$= 30.0\text{m}$$

정답 $L = 30.0\,\text{m}$

6.37

질량 75g인 탄알이 600m/s의 속도로 날아가 정지상태에 있는 질량 50kg의 물체에 박혔다. 충돌하는 동안 손실된 에너지를 계산하시오.

TIP 충돌 전후의 선형운동량이 보존됨을 이용하여 계산한다.

풀이

선형운동량 보존의 법칙 $\sum_i m_i \vec{v_{2i}} = \sum_i m_i \vec{v_{1i}}$ 으로부터

$$0.075 \times 600 = (50 + 0.075) \times v_2$$

$$\rightarrow v_2 = 0.899\text{m/s}$$

초기에너지 : $K_1 = \dfrac{1}{2} m_1 v_1^2 = \dfrac{1}{2} \times 0.075 \times 600^2 = 13,500\text{J}$

최종에너지 : $K_2 = \dfrac{1}{2} m_2 v_2^2 = \dfrac{1}{2} \times 50.075 \times 0.899^2 = 20.2\text{J}$

에너지 손실 : $\Delta E = K_1 - K_2 = 13,500 - 20.2 = 13,480\text{J}$

정답 13.48kJ

6.39

그림과 같이 19,000kg의 예인선 T가 75,000kg의 바지선을 끌고 가고 있다. 밧줄의 강성도 $k = 600\text{kN/m}$인 탄성밧줄이라 하면 처음 당기는 동안 밧줄의 최대인장길이를 구하시오. 예인선과 바지선은 둘 다 같은 방향으로 각각 $v_{T1} = 15\text{km/h}$와 $v_{B1} = 10\text{km/h}$ 속도로 움직이고 있다. 단, 물의 저항은 무시한다.

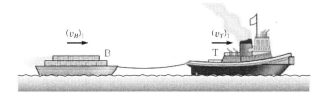

TIP

- 두 배의 이동 간 선형운동량이 보존(식 6.49)으로 결합된 배의 속도를 구한다.
- 보존계에서 에너지 보존의 법칙(식 6.45), 즉 각각의 배의 운동에너지 합은 결합된 두 배의 운동에너지와 두 배를 연결한 밧줄의 탄성에너지의 합과 같음을 적용한다.

풀이

먼저 선형운동량 보존의 법칙에 의해 최종속도를 구하면

$$m_T v_{T1} + m_B v_{B1} = (m_T + m_B)v_2$$

$$\rightarrow (19 \times 10^3) \times 15 + (75 \times 10^3) \times 10 = (19 + 75) \times 10^3 \times v_2$$

$$\rightarrow v_2 = 11.01\text{km/h}$$

에너지보존의 법칙에 의해

$$\frac{1}{2}m_T v_{T1}^2 + \frac{1}{2}m_B v_{B1}^2 = \frac{1}{2}(m_T + m_B)v_2^2 + \frac{1}{2}k\delta^2$$

$$\rightarrow \frac{1}{2}(19 \times 10^3) \times \left(\frac{15}{3.6}\right)^2 + \frac{1}{2}(75 \times 10^3) \times \left(\frac{10}{3.6}\right)^2$$

$$= \frac{1}{2}(19 + 75) \times 10^3 \times \left(\frac{11.01}{3.6}\right)^2 + \frac{1}{2} \times 600 \times 10^3 \times \delta^2$$

$$\rightarrow \delta = 0.221\text{m}$$

정답 $\delta = 0.221\text{m}$

질량이 각각 3kg과 5kg인 두 개의 원판 A와 B가 초기속도 $v_{A1} = 6\text{m/s}$와 $v_{B1} = 7\text{m/s}$의 속도로 그림과 같이 충돌한다면, 충돌 직후 각 원판의 속도는 얼마인가? 그림에서 $\theta = 60°$이며, 반발계수 $e = 0.65$이다.

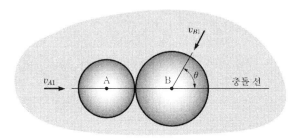

TIP

• 경사충돌의 경우 법선방향(충돌선을 따라)은 운동량이 보존(식 6.53)되고, 접선 방향으로는 각 질점의 속도변화가 없음을 적용한다.
• 충돌선을 따라 반발계수의 정의인 식 (6.53)을 적용한다.

풀이

법선방향 운동량의 보존으로부터

$$m_A v_{A1} - m_B v_{B1}\cos\theta = m_A v_{A2} + m_B v_{B2}\cos\theta_2$$
$$\rightarrow (3\times6) - (5\times7\times\cos60°) = 3v_{A2} + 5v_{B2}\cos\theta_2 \quad \cdots\cdots (1)$$

충돌계수에 대한 정의로부터

$$e(v_{A1} + v_{B1}\cos\theta) = v_{B2}\cos\theta_2 - v_{A2}$$
$$\rightarrow 0.65\times(6 + 7\times\cos60°) = v_{B2}\cos\theta_2 - v_{A2} \quad \cdots\cdots\cdots (2)$$

접선방향의 속도는 변화가 없으므로

$$v_{B1}\sin\theta = v_{B2}\sin\theta_2 \rightarrow 7\times\sin60° = v_{B2}\sin\theta_2 \quad \cdots\cdots (3)$$

식 (1), (2) 및 (3)을 연립으로 풀면

$$\theta_2 = 68.6°, \quad v_{A2} = -3.80\text{m/s}, \quad v_{B2} = 6.51\text{m/s}$$

정답 $v_{A2} = -3.80\text{m/s}, \quad v_{B2} = 6.51\text{m/s}$

6.43

각속도 $\omega_0 = 8\text{rad/s}$로 회전하는 반경 $r = 2\text{m}$인 원판을 $\alpha = 6\text{rad/s}^2$로 가속시키기 시작하여 $t = 0.5$초 경과하였을 때 점 A의 속도 크기와 접선 및 법선방향 가속도를 각각 구하시오.

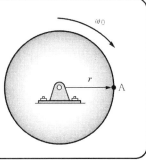

TIP 고정축에 대한 회전운동에서의 각속도 식 (6.55)와 각가속도 표현식 (6.56)을 이용하여 계산한다.

풀이

점 A의 각속도 : $\omega = \omega_0 + \alpha t = 8 + 6 \times 0.5 = 11\text{rad/s}$

점 A의 속도 : $v_A = r\omega = 2 \times 11 = 22\text{m/s}$

점 A에서의 접선방향 각가속도 : $a_t = r\alpha = 2 \times 6 = 12\text{m/s}^2$

점 A에서의 법선방향 각가속도 : $a_n = r\omega^2 = 2 \times 11^2 = 242\text{m/s}^2$

정답 $v_A = 22\text{m/s}$, $a_t = 12\text{m/s}^2$, $a_n = 242\text{m/s}^2$

그림과 같은 벨트 구동 풀리와 풀리에 부착된 원판이 가속되며 회전하고 있다. 벨트의 속력 v가 1.5m/s가 되는 순간 점 A의 가속도는 75m/s^{2}이다. 이 순간에 풀리와 원판의 각가속도, 점 B의 가속도, 그리고 벨트 위의 점 C의 가속도를 구하시오.

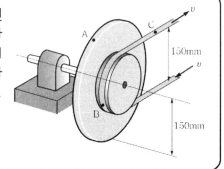

TIP

먼저 주어진 조건에서 원판의 각속도와 각가속도를 구하고 이로부터 식 (6.56)을 이용하여 각 위치에서의 가속도를 계산한다.

풀이

먼저 원판의 각속도를 구하면

$$v = r\omega \ \rightarrow \ \omega = \frac{v}{r} = \frac{1.5}{0.075} = 20\text{rad/s}$$

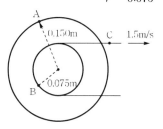

점 A에서의 법선방향 가속도 : $(a_A)_n = r\omega^2 = 0.15 \times 20^2 = 60\text{m/s}^2$

점 A의 가속도는 접선가속도와 법선가속도의 벡터 합이므로 아래 그림으로부터 $(a_A)_t = \sqrt{75^2 - 60^2} = 45\text{m/s}^2$

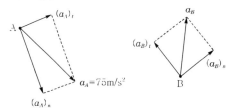

따라서 원판의 각가속도 : $\alpha = \dfrac{a_t}{r} = \dfrac{45}{0.15} = 300\mathrm{rad/s^2}$

점 B에서의 법선가속도 : $(a_B)_n = r\omega^2 = 0.075 \times 20^2 = 30\mathrm{m/s^2}$

점 B에서의 접선가속도 : $(a_B)_t = r\alpha = 0.075 \times 300 = 22.5\mathrm{m/s^2}$

따라서 점 B에서의 가속도 : $a_B = \sqrt{30^2 + 22.5^2} = 37.5\mathrm{m/s^2}$

점 C에서의 가속도는 점 B의 접선가속도와 동일하므로

$\qquad \rightarrow a_C = (a_B)_t = 22.5\mathrm{m/s^2}$

정답 $\alpha = 300\mathrm{rad/s^2},\ a_B = 37.5\mathrm{m/s^2},\ a_C = 22.5\mathrm{m/s^2}$

그림과 같은 순간에 직각 링크의 반시계방향 각속도는 3rad/s이고, 점 B의 속도는 $v_B = 2\hat{i} - 0.3\hat{j}\,\mathrm{m/s}$이다. 점 A의 속도를 벡터로 표현하시오.

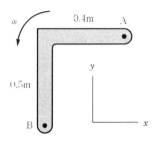

TIP

주어진 속도조건이 벡터로 표현되어 있으므로 상대속도 개념과 벡터연산을 이용하여 계산하면 편리하다.

풀이

점 B에 대한 점 A의 속도는 아래 그림과 같이 $\vec{v}_A = \vec{v}_B + \vec{v}_{A/B}$

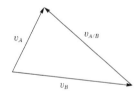

$$v_B = 2\hat{i} - 0.3\hat{j}\,\mathrm{m/s}$$

$$\vec{v}_{A/B} = \vec{\omega} \times \vec{r}_{A/B} = 3\hat{k} \times (0.4\hat{i} + 0.5\hat{j}) = 1.2\hat{j} - 1.5\hat{i}$$

따라서 $\vec{v}_A = \vec{v}_B + \vec{v}_{A/B} = 2\hat{i} - 0.3\hat{j} + 1.2\hat{j} - 1.5\hat{i} = 0.5\hat{i} + 0.9\hat{j}$

$$|\vec{v}_A| = \sqrt{0.5^2 + 0.9^2} = 1.03\,\mathrm{m/s}$$

정답 $\vec{v}_A = 0.5\hat{i} + 0.9\hat{j}\,\mathrm{m/s}$

6.49

반지름 r인 원판 위의 점 A와 점 B가 미끄러지지 않고 굴러가도록 상하가 막혀 있다. 평판이 그림과 같은 속도로 움직일 때 원판의 각속도를 구하시오.

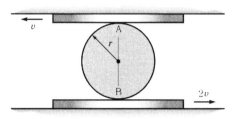

TIP 순간회전 중심의 개념을 적용하여 계산한다.

풀이

밑면으로부터 순간회전 중심점까지의 거리를 x라 하면

$$\frac{v}{2r-x} = \frac{2v}{x}$$ 이므로

$$\rightarrow x = \frac{4}{3}r$$

따라서 원판의 각속도는 $\omega = \dfrac{2v}{\dfrac{4}{3}r} = \dfrac{3v}{2r}$

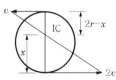

정답 $\omega = 3v/2r$

6.51

그림과 같은 구속링크의 한 운동구간에서 링크의 끝점 A의 하향속도 $v_A = 2\text{m/s}$이다. $\theta = 30°$인 위치에서 AB의 각속도와 링크 중간점 G의 속도를 구하시오.

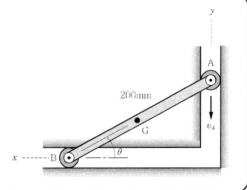

TIP 순간회전 중심 C에 대한 각속도를 구하면 점 G의 속도 계산에 편리하다.

풀이

그림과 같은 속도 삼각형으로부터

각속도 $\omega = \dfrac{v_A}{r_{AC}} = \dfrac{2}{0.1732} = 11.55\text{rad/s}$

점 G의 속도 $v_G = r_{CG}\omega = 0.1 \times 11.55 = 1.155\text{m/s}$

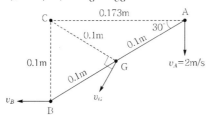

정답 $\omega = 11.55\text{rad/s}$, $v_G = 1.155\text{m/s}$

6.53

그림과 같은 링크 장치에서 링크 OA가 반시계방향으로 일정한 각속도 $\omega_O = 10\text{rad/s}$로 회전할 때, A의 좌표가 $x = -60\text{mm}$, $y = 80\text{mm}$인 위치에서 링크 AB의 각가속도를 구하시오. 링크 BC는 이 위치에서 수직이다.

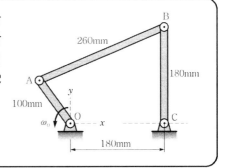

TIP

- 기하학적으로 복잡한 문제는 주어진 조건들(위치, 각속도 등)을 벡터로 표현한다.
- 평면운동에서의 절대가속도와 상대가속도 개념인 식 (6.60)~(6.62)를 이용하여 계산한다.

풀이

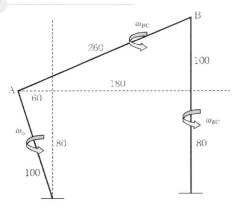

점 A에 대한 점 B의 가속도는

$$\vec{a_B} = \vec{a_A} + \vec{a_{B/A}} = \vec{\omega_{BC}} \times (\vec{\omega_{BC}} \times \vec{r_{BC}}) + \vec{\alpha_{BC}} \times \vec{r_{B/C}}$$

$$= 5.83\hat{k} \times (5.83\hat{k} \times 0.18\hat{j}) + \alpha_{BC}\hat{k} \times 0.18\hat{j}$$

$$= -6.125\hat{j} - 0.18\alpha_{BC}\hat{i} \quad \cdots\cdots\cdots\cdots\cdots\cdots\cdots\cdots\cdots\cdots\cdots \text{(1)}$$

점 A의 가속도는 $\vec{\alpha_{OA}} = 0$이므로

$$\vec{a_A} = \vec{\omega_O} \times (\vec{\omega_O} \times \vec{r_{A/O}})$$

$$= 10\hat{k} \times [10\hat{k} \times (-0.006\hat{i} \times 0.08\hat{j})] = 6\hat{i} - 8\hat{j} \quad \cdots\cdots\cdots\cdots\cdots\cdots \text{(2)}$$

점 A에 대한 점 B의 법선가속도

$$(\overrightarrow{a_{B/A}})_n = \overrightarrow{\omega_{AB}} \times (\overrightarrow{\omega_{AB}} \times \overrightarrow{r_{B/A}})$$

$$= 2.5\hat{k} \times [2.5\hat{k} \times (0.24\hat{i} \times 0.1\hat{j})] = -1.5\hat{i} - 0.625\hat{j} \quad \cdots\cdots\cdots\cdots (3)$$

점 A에 대한 점 B의 접선가속도

$$(\overrightarrow{a_{B/A}})_t = \alpha_{AB}\hat{k} \times (0.24\hat{i} + 0.1\hat{j}) = -0.1\alpha_{AB}\hat{i} + 0.24\alpha_{AB}\hat{j}$$

$$= 2.5\hat{k} \times [2.5\hat{k} \times (0.24\hat{i} \times 0.1\hat{j})] = -1.5\hat{i} - 0.625\hat{j} \quad \cdots\cdots\cdots\cdots (4)$$

식 (2), (3), (4)를 식 (1)에 대입

$$-6.125\hat{j} - 0.18\alpha_{BC}\hat{i} = (6\hat{i} - 8\hat{j}) + (-1.5\hat{i} - 0.625\hat{j}) + (-0.1\alpha_{AB}\hat{i} + 0.24\alpha_{AB}\hat{j})$$

$\hat{i}$항과 $\hat{j}$항으로 분리하여 정리하면

$$\hat{i}\text{항} : -0.18\alpha_{BC} = 6 - 1.5 - 0.1\alpha_{AB} \quad \cdots\cdots\cdots\cdots\cdots\cdots\cdots\cdots\cdots (5)$$

$$\hat{j}\text{항} : -6.125 = -8 - 0.625 + 0.24\alpha_{AB} \quad \cdots\cdots\cdots\cdots\cdots\cdots\cdots (6)$$

식 (6) $\quad \rightarrow \overrightarrow{\alpha_{AB}} = 10.42\hat{k}[\text{rad/s}^2]$

$$\rightarrow \overrightarrow{\alpha_{BC}} = -19.2\hat{k}[\text{rad/s}^2]$$

정답 $\quad \alpha_{AB} = 10.42\text{rad/s}^2$

성안당

"역학의 바이블, 알기 쉬운 역학시리즈!"

저자직강 동영상 강의

재료역학 전공자를 위한 기본서/기계관련 기사시험 대비서!

재료역학은 모든 공학의 기반이 되는 대표적인 기초 학문이다. 이 책은 기계기사시험을 준비하는 수험생 및 재료역학을 전공하는 학생들을 위해 재료역학의 기초내용과 예상문제, 과년도 출제문제를 수록하여 실제 시험에 대비할 수 있도록 하였다.

허원회, 김선일 지음 | 4·6배판 | 424쪽 | 23,000원

저자직강 동영상 강의

유체역학 전공자를 위한 기본서/기계관련 기사시험 대비서!

이 책은 기계 관련 기사·산업기사를 준비하는 수험생 및 유체역학을 전공하는 학생들이 기초를 다질 수 있도록 각 장 뒤에 예상문제를 두어 핵심 내용을 파악할 수 있게 하였다. 또한 실전모의 테스트와 과년도 기출문제를 수록하여 실제 시험에 대비할 수 있도록 하였다.

허원회, 김선일 지음 | 4·6배판 | 532쪽 | 22,000원

저자직강 동영상 강의

열역학 전공자를 위한 기본서/기계관련 기사시험 대비서!

이 책은 기계기사시험뿐 아니라 공조냉동기사, 자동차검사기사 및 정비기사, 농업기계기사 시험에 공통으로 출제되는 기계 열역학 과목 수험대비서이다. 열역학의 기초내용과 예상문제, 과년도 출제문제를 수록하여 혼자서도 충분히 공부할 수 있도록 구성하였다.

허원회, 박만재, 신현길 지음 | 4·6배판 | 332쪽 | 18,000원

성안당 04032 서울시 마포구 양화로 127 첨단빌딩 5층(출판기획 R&D센터)　　TEL_02.3142.0036
10881 경기도 파주시 문발로 112 출판문화정보산업단지(제작 및 물류)　　TEL_도서:031.950.6300 동영상:031.950.6332 www.cyber.co.kr

■ 저자 소개

• 이기영

　　공군사관학교 (1981)
　　서울대학교 기계공학과 (1984, 공학사)
　　서울대학교 대학원 기계공학과 (1987, 공학석사)
　　미 U. of Utah (1994, 공학박사)
　　공군사관학교 교수 (1987~2008)
　　현) 해군사관학교 기계조선공학과 교수

• 서주노

　　해군사관학교 (1981)
　　서울대학교 기계공학과 (1985, 공학사)
　　미 해군대학원 기계공학과 (1989, 공학석사)
　　미 U. of California (1997, 공학박사)
　　현) 해군사관학교 기계조선공학과 교수

기초역학개론 해설집

2011. 3. 3. 초 판 1쇄 발행
2017. 4. 25. 초 판 2쇄 발행

저자와의
협의하에
검인생략

지은이 ｜ 이기영, 서주노
펴낸이 ｜ 이종춘
펴낸곳 ｜ BM 주식회사 성안당

주소 ｜ 04032 서울시 마포구 양화로 127 첨단빌딩 5층(출판기획 R&D 센터)
　　　 10881 경기도 파주시 문발로 112 출판문화정보산업단지(제작 및 물류)

전화 ｜ 02) 3142-0036
　　　 031) 950-6300
팩스 ｜ 031) 955-0510
등록 ｜ 1973. 2. 1. 제406-2005-000046호
출판사 홈페이지 ｜ www.cyber.co.kr
ISBN ｜ 978-89-315-1981-5 (93550)
정가 ｜ 13,000원

이 책을 만든 사람들
기획 ｜ 최옥현
진행 ｜ 이희영
교정·교열 ｜ 이제선
전산편집 ｜ 김수진
표지 디자인 ｜ 박원석
홍보 ｜ 박연주
국제부 ｜ 이선민, 조혜란, 김해영, 고운채, 김필호
마케팅 ｜ 구본철, 차정욱, 나진호, 이동후, 강호묵
제작 ｜ 김유석

이 책의 어느 부분도 저작권자나 BM 주식회사 성안당 발행인의 승인 문서 없이 일부 또는 전부를 사진 복사나
디스크 복사 및 기타 정보 재생 시스템을 비롯하여 현재 알려지거나 향후 발명될 어떤 전기적, 기계적 또는
다른 수단을 통해 복사하거나 재생하거나 이용할 수 없음.

※ 잘못된 책은 바꾸어 드립니다.